中国式"有机农业优质高效

中国式
有机农业 **在新疆**

全国有机农业产业联盟副理事长
马新立 2015 年 5 月 16 日到澄城
县与董事长杨骁仓考察绿农牌生
物有机肥

"有机农业优质高效栽培技术"
2013 年 6 月 26 日在北京鉴定
为国内领先科技成果

科学技术成果鉴定证书

非转基因种子（目前无转基因种子）

＋

卖相品种

省人民政府科技进步二等奖

设计发明人马新立
全国生态产业国际发展委员会
生态农业科技专家

本成果被列为国际交流项目

陈德喜小麦每穗

←

栽培技术"成果五要素示意图

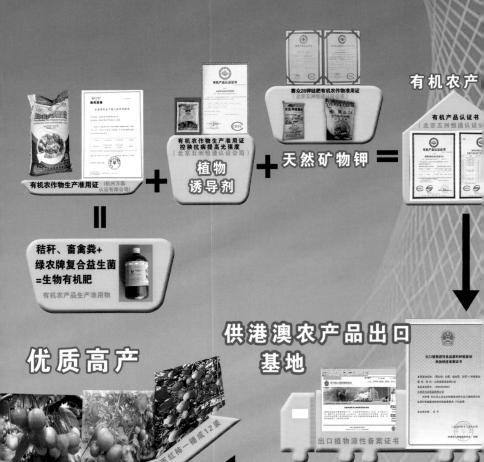

有机农作物生产准用证 〔杭州万香认证有限公司〕

=

秸秆、畜禽粪+
绿农牌复合益生菌
=生物有机肥
有机农产品生产准用物

+

有机农作物生产准用证
控秧抗病提高光强度
〔北京五洲恒通认证公司〕
植物诱导剂

+

赛众28钾硅肥有机农作物准用证
〔北京五洲恒通认证公司〕

天然矿物钾

=

有机农产

有机产品认证书
〔北京五洲恒通认证公司〕

供港澳农产品出口基地

出口植物源性备案证书

优质高产

各种作物用生物技术较用化肥技术
增产0.5－2倍

段文奎西红柿一穗成12果

110粒

实施推广单位

全国有机农业产业联盟
中国农科院农业资源与农业区划研究所
陕西绿农生物科技有限公司
新疆生产建设兵团第一师三团

国家星火计划培训丛书

有机蔬菜优质高效标准化栽培技术

主　编　科学技术部农村科技司

编　著　宋全伟　马新立　王广印　孙　昊

参　编　光立虎　马　波　王宏辉　杨骁仓

中国农业大学出版社

·北京·

图书在版编目（ＣＩＰ）数据

有机蔬菜优质高效标准化栽培技术 / 宋全伟等编著
. -- 北京：中国农业大学出版社，2015.12
ISBN 978-7-5655-1455-5

Ⅰ．①有… Ⅱ．①宋… Ⅲ．①蔬菜园艺—无污染技术
Ⅳ．①S63

中国版本图书馆CIP数据核字（2015）第295208号

书　　名	有机蔬菜优质高效标准化栽培技术
作　　者	宋全伟　马新立　王广印　孙　昊

责任编辑　张　蕊　张　玉
封面设计　覃小燕
出版发行　中国农业大学出版社
社　　址　北京市海淀区圆明园西路2号　　　邮政编码　100193
电　　话　发行部 010-62818525,8625　　读者服务部 010-62732336
　　　　　编辑部 010-62732617,2618　　出　版　部 010-62733440
网　　址　http://www.cau.edu.cn/caup　　E-mail cbsszs@cau.edu.cn
经　　销　新华书店
印　　刷　廊坊市蓝海德彩印有限公司
版　　次　2015年12月第1版　　2015年12月第1次印刷
规　　格　850×1 168　　32开本　　5.5印张　　136千字　　彩插2
定　　价　15.00元

前　言

国家科技部于1986年提出的星火计划，对推广各项新技术，推动农村经济发展，引导农民增收致富，发挥了巨大的作用。科技部十分重视对农村干部、星火带头人、广大农民的科技培训，旨在激发农民学科技的热情，提高农民的科学文化素质和运用科技的能力，为农村培养新型实用人才、农村科技带头人和农村技术"二传手"，为解决"三农"问题提供强有力的科技支撑和示范模式，为社会主义新农村建设和发展现代化农业作出贡献。

2010年的中央一号文件，再次锁定"三农"，这是21世纪以来连续第7个关注"三农"的中央一号文件。培训"有文化、懂技术、会经营"的新型农民已成为当前社会主义新农村建设中的一项重要内容。为响应党中央、国务院、科学技术部的号召和指示，适应新的"三农"发展现状，推进高新农业科技成果的转化，使农业科技的推广工作落到实处，科学技术部农村科技司决定新编一套《国家星火计划培训丛书》，并委托中国农村科技杂志社组织编写。该套丛书旨在推广目前国内国际领先的、易于产生社会效益和经济效益的农业科学技术，介绍一些技术先进、投资少、见效快、环保、长效的项目，引导亿万农民依靠科技发展农村经济，因地制宜地发展本土经济，提高农产品的市场竞争力，实现增产创收。也可对农民、农村、农业上项目、找市场、调整产业结构提供借鉴和参考。

此系列丛书我们精心组织来自生产第一线的科技致富带头

人和有实践经验的专家、学者共同编写。不仅学科分布广、设置门类多、知识涵盖面宽，力求收入教材的资料为最新科技成果，内容通俗易懂，能够满足不同培训对象的学习要求，而且具有较强的系统性、应用性和时效性，能够满足全国各地开展得如火如荼的农民科技培训的需要，满足科技部关于农村科普工作的需要。为科技列车、科技下乡、科技扶贫、科普大篷车、星火科技培训等多种形式的科技下乡惠农活动，提供稳定的农村科普"书源"。

目前，我国农业和农村经济发展已经进入了新阶段，随着我国农村经济结构调整的不断深入，党中央、国务院提出了"夯实'三农'发展的基础，落实国家重大科技专项，壮大县域经济"的指示，星火计划的实施也呈现出新的特色。在这一时期，需要坚持以人为本，把提高农村劳动者素质摆在重要位置，把动员科技力量为农民服务作为重点。在此之际，为了更好地服务于广大农民和农村科技工作者，我们精心编撰了这套新的《国家星火计划培训丛书》。但由于时间紧、水平有限，不足之处在所难免，衷心欢迎广大读者批评指正。

《国家星火计划培训丛书》编委会

2010年2月

像胡杨一样守疆放彩

国家崛起，民族复兴，实现中国梦，离不开兵魂农耕。一手握枪，一手拿镐是我们的责任和荣光。党中央、国务院提出"精兵守疆"，"农业强，国家强"战略，我们兵团干部职工敢担当，有力量。

胡杨生长在我们这里，以耐旱、耐热、耐冻、耐碱而坚韧生存，名扬四海，遵循自然生长规律，叶片由灰绿变金黄，春夏不显眼，秋冬美无限，令人尊爱。可与北京石景山红叶树媲美。这全在于基因特性与炼就一身耐力的特征。

我们新疆生产建设兵团干部职工要继承父辈们，即八路军、新四军为工农利益而革命的坚韧精神，扎根边疆。像胡杨那样，坚实、坚韧、艰苦、不空，尽力把眼前国计民生的事情办好，做一个胡杨般"一千年生而不死，一千年死而不倒，一千年倒而不朽"的人生楷模。

现今，我团选择了"中国式有机农业优质高效栽培技术"国内领先成果，即生物集成技术，要以此为轴心，构建新型农业生产经营体系和服务团队，以兵团统一管理优势，按此有机技术标准化作业，对接科技部星火计划和全国有机农业产业联盟，在我团进行果品、蔬菜、棉花等特产品牌推广与管理，产品通过五洲恒通认证公司认证，保证零农药、零激素、零转基因品种生产零残毒产品，达国际有机标准要求。使我团25万亩农作物产量提高

0.5～1倍，让全国人民都能品尝到新疆生产建设兵团生产的自然成熟、天然纯正、风味独特、优质保健的农产品，为实现疆安国强做出努力。全体干部职工要像胡杨那样，将威武壮丽的风采展现在祖国和人民面前。

宋金绪

10.26

目　录

4

第一章 生物有机农业新观点

现代农业说到底是生物农业。日本微生物教授比嘉照夫,在他1991年2月出版的《农用与环保微生物》一书序言中说:①微生物的魅力在于其意外性会突然出现全新应用领域,这种意外使人产生通过它可以解决现存所有问题的期待感。②当物理的和化学的方法碰壁的时侯,请探索生物的世界。微生物世界具有无限的可能性。③没有微生物不能解决的问题。一切离开微生物必将一事无成。④虽然微生物在农业及环保领域已得到各种应用,并取得许多成果。但公共机构尚未完全认识这一问题,原因在于微生物必须在其所消化的基质(食物)及其消化外部环境条件都能充分具备的条件下,才能取得其预期效果,如水分、通气、pH值、气温等的互相作用,在解决化学农药、化肥所存在的问题中也能起到积极作用。自然农法以及有机农业领域也已广泛应用了微生物制品。

比嘉照夫在书中肯定的说,把EM微生物开发起来,应用于农业生产,地球人增长到100亿,也不愁无食物可吃。

生物有机农业是历史发展的必然导向。有机农业示范基地是实现有机农业规模化和产业化经营的基础。有机农业,得益于民,具有强大的生命力,是目前最具发展前景的朝阳产业。

有机农业指在动、植物生产过程中,不使用任何化学合成农药、化肥、生长刺激素、饲料添加剂等物质,以及基因工程及其产物,是遵循自然规律的生态学原理,采用一系列可持续发展的农业技术来协调种植业和养殖业的生理平衡,农业可持续稳定发展的一种农业生产方式。

党的十七届三中全会指出："2020年农村经济翻番，要靠生物技术。"

EM是一种复合微生物菌及相关技术，发明者比嘉照夫教授取"Effective"（有效的）和"Micoorganisms"（微生物群）两个英文字母的缩写来命名这项技术。它内含5406放线菌、枯草芽孢杆菌、胶质芽孢杆菌、巨大芽孢杆菌、光合细菌、酵母菌17大类微生物中的8科10属80种有益微生物并能共生共殖。EM技术是目前世界上应用范围最大的一项生物工程技术，和一般生物制剂相比，它具有结构复杂，性能稳定，功能齐全的独特优势，在种植、养殖应用上让人们难以置信，前所未有的增产效果。迄今为止，EM已狂风般席卷日本、美国、马来西亚、法国和我国台湾等100多个国家和地区。

有益菌是从微生物菌群中派出来的"好气性"和"嫌气性"并存的有益微生物群，能广泛应用于工业、农业（畜牧业、养殖业、水产业）、环保业及人体保健等多个领域的生物工程技术。

第一节　生物有机农业着眼于利用天然能源

对于微生物在发展有机农业上应用来说，首先要站在农业哲学角度设计联动集成技术，以实践农业生产发展目标所采取的微生物应用措施与手段。

我们说，现代农业生产发展目标四原则：一是降低成本，那就必须考虑利用天然能源；二是提高产量，必须侧重提高自然资源的利用率；三是保证质量，需本着从维持和增进消费者精神和躯体健康上的益处；四是解决无奈，那就是在现实农业生产上不施用化肥、化学农药，就能抑制病、虫、草害，保证农业可持续发展的生产方法和模式。

现代农业的天然能源。①太阳能：地球表面上的作物光能利用率不足1%，在单位面积的田块利用率高者也只有3%，瞬间6%～7%，在阴雨天多的地区，光能利用率少之又少。然而，人们研究出一种植物制剂——植物诱导剂，在作物幼苗期或定植期，叶片上一喷，光合作用的强度可提高0.5～4倍（国家科委测定），产量也就会大幅度提高。②水分能：占地面70%以上的水，现代农业利用率不足1%，地方区域淡水滴灌又比大水漫灌节约60%以上，然而应用生物有机农业技术，即用植物残体、动物粪便等碳素有机肥，撒上EM益生菌剂，在他们的互为作用下，可以保水吸水，加大地下水和空气中水分的利用率。③二氧化碳和氮气：空气中的二氧化碳含量300～500毫克/千克，氮元素含量79.1%左右，一般情况下，作物利用率也不足1%，用地力旺复合益生菌与碳素物结合，能将碳素物分解而且以菌丝残体形态可直接通过作物根系进入新生植物体，利用有机质的量能提高1～3倍，不仅减少二氧化碳的排放量，还能吸收空气中的二氧化碳和氮气，供作物生产发育及增产利用，同时净化空气环境。这些能量系统必须与氮素代谢结合起来，才能起作用。因此，从原料整合和物质循环利用上讲，均是可以无偿获得的天然物质能源。

现代研究证实，植物叶片中叶绿素光合作用的光能有极限，要突破极限必须考虑微生物的作用，那就是有机营养理论与实践。

微生态复合菌剂是由80多种菌组成的"有益菌集团"，功能多且出乎意料的强，这种复合有机菌肥，足量施入土壤后，很快就改变了土壤性质，由腐败型变为发酵复合型，其主要表现在如下几个方面：

首先是打败腐败菌占领生态位，有益菌群分泌的有机酸、小分子肽、多糖、寡糖、抗生物质等多种杀灭抑制腐败菌有机制同时启动，全方位打垮腐败菌，使有益菌占绝对优势。比嘉照夫教授用电子显微境观察，两大菌群对垒和古代人打仗相似，各自领头菌决战，首领战败，其余都随大流自动退出生态位，让位于胜利者——有益菌群。

微生态复合菌剂中另一组骨干菌群为发酵分解菌，如乳酸菌、放线菌、啤酒酵母、芽孢杆菌等数量相当的多。这一类菌把纤维素、木质素、淀粉等碳水化合物在纤维酶、淀粉酶的作用下，分解生成多糖、低聚糖（寡糖）、单糖、有机酸、乙醇等可溶性碳素有机营养物质。在蛋白裂解酶作用下，把蛋白类有机物分解生成胨态、肽态、氨基酸态等可溶性有机营养物质。再加上各种菌在生长和消亡的动态平衡过程中，又分泌各种酶、维生素、激素、抗氧化酵素等生理活性物质，以及有机酸溶解的各种矿物元素。这些机制的作用，实质上把土壤变成了植物门类齐全的营养库。这种发酵合成型土壤和腐败型土壤不同的是，热量损失少；不释放氨、甲烷等有害物质；没有二氧化碳（CO_2）、无机分子氮（N_2）回归空气中的机制。因此，这种土壤肥力累积效应强，培肥地力快。据比嘉照夫测算，有机物在这种土壤中，属于扩大型循环，利用率为150%～200%。

生物菌能吸收大气中的营养，分解土壤粪肥中的营养，平衡植物体内营养，生物菌能改变有机物能量循环体系，那腐败菌主导的有机物循环体系是什么？

有机物（蛋白类、碳水化合物）高温沤熟，放出热量和有害气体回归到空气中，施入土壤后腐败菌又继续将碳水化合物分解为水和二氧化碳，水贮存于土壤中，二氧化碳回归空气中。蛋白质分解为硝态氮被植物吸收，部分硝态氮又被反硝化菌还原为无机分子氮（N_2）回归空气。

植物单靠叶绿素利用光能又要把二氧化碳、氢、氮、氧元素再合成有机物，合成的有机物被植物直接吸收利用的比例很少，浪费很大。

光合作用利用有机质是一个漫长而复杂的过程，对有机质营养浪费就大。那么，发酵合成菌主导的有机营养理论循环体系是什么？

发酵分解菌分解有机物时，把碳水化合物分解成多糖类、低糖类（寡糖）、单糖有机酸等可溶性物质，被植物直接吸收，没有二氧化碳回归空气的机制。蛋白质类分解成胨态、肽态、氨基酸态等可溶性物质，被植物直接吸收，没有无机分子氮（N_2）回归空气机制。这些小分子糖类被直接吸收，包含有碳、氢、氧多种元素，直接就被组装到纤维素、淀粉、木质素长链的大分子结构上。小分子肽和氨基酸被植物直接吸收，包括氮、氢、氧、碳多种元素，以小分子肽直接组装到蛋白质的大分子结构上去。这些有机营养直接吸收合成效率要比叶绿素光合作用要高很多倍。这是一条有机物能量循环的捷径。同时由于生物活性物质等多种因素影响，植物叶片加厚，叶绿素含量提高，叶绿素吸收二氧化碳、水、速效氮、磷、钾等养分后，合成碳水化合物和蛋白质各种有机物的能力也大大增强。两方面合在一块为大幅度提高产量奠定了营养基础，这种机制不是人们主观的猜测，更不是空洞的推理，而是用实践检验过的真理，是农业科学的一个有战略意义的重大技术突破。

食用菌类在弱光下生长速度快，就是有益菌分解转化有机物的快速生长作用。

1988年比嘉照夫对120多种农作物品种进行了试验，创造了很多奇迹，振奋了人心，震撼了世界。例如水稻不用化肥、农药，创造了1000米^{2}产稻谷1560千克（折合亩产1040千克）的高产记录。因此比嘉照夫教授在他的"拯救地球大变革"一书中高兴地宣称"有了这项技术，地球上人口增加到100亿也不发愁粮食不够吃"。

推广有益生物菌拌有机碳素肥，成本降了70%～90%，产量提高2～3倍，好多人听了不敢相信，打破了旧的土壤肥料理论体系，弥补了缺失和不足。

在蔬菜生成体的组分中，碳占45%，氧占45%，氢占6%，氮占1.5%，磷占0.5%，钾占2.2%，N、P、K合计为3.2%左右。总之，植物体中干物质94%～95%为碳、氧、氢三元素，大力推广应用牛粪、秸秆拌生物菌的生产技术，是对新农村、新农业建设的一大贡献。旧的土壤肥料理论认为，植物生成体的有机物必须气化和无机化以后才能被植物重新吸收，因此在研究供给植物生长的肥料理论上，只研究和论述了仅占植物生成体4%的氮、磷、钾三元素的供给问题，对于占植物生成体95%的碳、氧、氢三元素营养的供应来源问题很少论述，只认为植物吸收CO_2，根吸收水，然后叶绿素合成碳水化合物，不知道在发酵合成菌占优势的土壤中，发酵菌再生合成菌可以把动植物残体等有机体转化成能溶于水的有机酸、多糖、寡糖、单糖、醇类、胨、肽、氨基酸等有机营养，可以直接被植物吸收。

微生态复合菌剂是有益菌组成的集团军，起先导作用的是再生合成菌群，系由很多光合菌（好氧和厌氧）、醋酸杆菌等具有再生合成功能菌组成。这些微生物利用太阳红外线热能和紫外线将土壤中腐败菌分解有机物产生的硫氢、甲烷等碳水化合物中的氢分解出来，变有害物质为无害物质，并和二氧化碳、酸解氮、固定氮混合一起合成糖类、氨基酸类、维生素类、生物活性物质（激素），为发酵分解菌快速繁殖，植物快速生长，提供丰富的食物，它们的食物链是一个闭合的生态循环圈。

河北省秦皇岛市昌黎县集镇小营村吕增猛，2014年秋选用"金蛋"小刺白皮黄瓜品种，用生物集成技术管理，即基亩施牛粪7000千克，用植物诱导剂800倍液灌根一次，每次冲地力旺生物菌液2千克，下一次冲台湾与佛山合资生产的水溶性钾肥液体25千克，植株健康生长，到6月份，亩产达1.5万千克，收入7.5万余元，春节前每千克售价高达10元。因此，发展推广地力旺生物菌液分解有机质固态物（碳、氧、氢三大元素），纠正滥用或依靠氮、磷、钾化学肥料的错误现状，就成了笔者推广农技的主要工作，"有机营养论"的建立，可谓是世界农业理论体系的一场革命。

第二节 复合益生菌在农业生产上的作用与原理

日本琉球大学比嘉照夫教授确定的基本概念：微生物复合菌将有机物分解成有效的可溶性物质，如氨基酸、糖、乙醇和类似的有机化合物，这些可溶性的物质可以直接被根系吸收（《植物营养与环境》世界出版社）。

这个观点是过去单靠光合作用生产食物的一项挑战。当前，蔬菜生产上，农民注重化肥和鸡粪的应用，肥害和土壤恶化是腐败菌发生发展的结果，那么，腐败菌及腐败型土壤机制如何？

地球上成千上万种菌类微生物可以分为两大类（派），一是腐败菌：使动、植物致病的菌，把有机物变坏、变臭，并释放有害物质的菌，均属于腐败菌。二是有益菌：能分解有机物，但不释放臭气和有毒物，能把无机物、小分子有机物，包括氨、硫化氢等有毒害的小分子有机物合成有效、有益的有机物的菌，均属于有益菌。

人体内就有400多种生物菌，如果没有有益菌食物将不能分解，没有腐败菌，粪便不能排出，人就没有生命力了。有益菌还能把臭味物质转化为酸香味。

腐败菌占绝对优势的土壤为腐败型土壤。腐败菌多为好氧菌，所以分解有机物过程中温度、热量损失多。同时，中间产物如氨、硫化氢、甲基吲哚、硫醇、甲硫醇、甲烷等，一是臭味大，二是对动植物有害；继续分解下去，碳水化合物就分解为水和二氧化碳，蛋白类被硝化菌分解为硝态氮，再被反硝化菌还原为无机分子氮（N_2），这样CO_2和N_2就回归到空气中达到原始的能量平衡。这种机制，有机物的碳素和氮素营养相当一部分没有被植物吸收利用而损失到空气中。

所谓粪放三年如土，土放三天有肥，就是生物菌在其中活动的结果。

有机肥施用前，过去一直强调一定要沤熟，这个沤熟的过程，实际上是高温释放热量和有害物质的过程。相当一部分有机物就提前回归到空气中，造成了空气污染和有机物能量的浪费。比嘉照夫教授测算，有机物只能利用20%～25%，土壤中的有机质，实际是有机物体的残渣，高能量易分解的有机物，已经人为损失掉。这实际上是人类无知和无奈的顺从了腐败菌的特性，人为的加速了有机物能量回归空气的原始平衡。这种机制造成的浪费是惊人的。广西农科院对鸡粪进行了化验，腐熟过程中的损失没有测定，仅腐熟好的鸡粪只放了两个月，氮素营养损失就达50%。

烘干鸡粪中氮损失达60%左右。生产实践证明，所有的致病菌都是腐败菌，所以腐败型土壤就是致病菌的温床，这种土壤使植物必然暴发严重的病虫害。山西新绛县的阳王镇辛安村，温室亩施鸡粪22米^3，结果造成多数死秧。那么，有益菌和发酵合成型土壤机制是啥？

（一）有益菌对有机质的分解作用及对蔬菜的增产效应

作物生长所需大量元素不是氮、磷、钾，而是碳、氢、氧，这个观点矫正人们过去的施肥旧观念，将会对农业生产发展起到巨大作用。

农业低效益的原因主要是自然界能源利用率太低。比如：阳光利用低。单位面积上太阳光的利用率在1%以下，使合理密植的作物在生长旺盛期，太阳能的利用率也只有6%～7%。营养利用率低。有机肥的营养平均利用率在24%以下，化肥的合理施入利用率在10%～30%，盲目施入浪费量高达80%以上。而空气中含量79.1%的氮营养利用率也在1%以下。光合产物的可食部分率低。水土光温等自然生态环境，使作物在生长发育的漫长耗能过程后，其可食部分也只占整个植物体的10%～40%。投入产出低，为1:（1～3），少得可怜。

过去，农业科技工作者着眼研究植物地上部的投入产出，即依赖光合作用生产食品，而忽视地下部分的有机物转化，即不通过光合作物合成的食品。那就是利用微生物将动植物残体中的长链分解成短链，将碳氧氢氮营养团直接组装到新生植物体内，形成不通过光合作用而产生的食物，而且合成速度及数量大的惊人，至少是光合作用的3倍以上。

有益微生物群（Effective Microorganisms，EM）是由5科10属80多种微生物复合培养而成的多功能微生态制剂组成，包括光合细菌、乳酸菌、酵母菌、放线菌等对人类和动植物有益作用的微生物，是包括好气性微生物和嫌气性微生物在内的所有再生型微生物的有机共生复合体，由日本琉球大学比嘉照夫教授研制成功。EM自20世纪90年代引入我国后，经广大科研人员的攻关，对引进的EM进行消化、吸收和改进，成功的研制出CM、EM-2益生素、加酶益生素等同类系列产品及不同剂性的产品，至今我国已有9种EM产品投入市场，其中液体产品6种，即EM$_1$（含全部的EM菌，也就是通常所说的EM）、EM$_2$（以放线菌为主）、EM$_3$（以光合菌为主）、EM$_4$（以乳酸菌和酵母菌为主）、EM$_5$（由EMI+白酒+糖蜜发酵而成，又称为EM发酵液）以及环境用EM，粉状产品有农用EM、饲料添加EM和生活垃圾发酵EM3种。

复合微生物群（Compound Microorganisms，CM）是在EM配方的基础上对各种菌类重新组配而成的。

生物界有两大类菌群，一是有害菌又为腐败菌；一类是有益菌又为保护菌，两类菌群在不断的竞争生态环境，就像古代人骑马打仗一样，首领败下阵来，队伍就会随之而退。

有益菌施入田后能很快改变土壤性质，其表现为：一是其分泌的有机酸，小分子肽、寡糖、抗生物质等，能杀灭腐败菌，占领生态位。二是微生物复合菌团，能将腐败菌团分解的硫化氢、甲烷等有害物质中的氢分解出来，将原物质变有害为无害，并与酸解氮、二氧化碳固定合成为糖类、氨基酸、维生素、激素等物质，使分解菌繁殖加快，向植物提供丰富的营养。三是有益菌团中的乳酸菌、放线菌、啤酒酵母菌、芽孢杆菌等，在酶的作用下，能将纤维素（木质素）、淀粉等碳水化合物分解成各种糖，以及将蛋白类分解成胨态、肽态、氨基酸等可溶性有机营养，直接组装到新生物体上，成为不需要光合作用而形成的新植物和果实。据测算，有机物在这种土壤中属于扩大型循环，营养利用率可达150%～200%。

山西新绛县乐丰庄刘玉合，用生物菌拌玉米秸秆，667米^{2}投资300～600元，黄瓜亩产2万千克，番茄亩产1.6万千克，可谓低成本，高产出，是生物菌配合碳氢物的良好结果。

有机物在有益菌的作用下碳氢化合物分解成多糖、寡糖、单糖和有机酸，可被新生植物直接吸收，二氧化碳无回归到空气中的机制；蛋白质则分解成胨态、肽态、氨基酸态等可溶性物质，也可被新生植物直接吸收，氮分子也无回归到空气的机制。这种以菌丝体形态的有机循环捷径，既不浪费有机能量能源，又使碳、氮、氢、氧等以团队形式组装到新生植物上，使作物生长尤为平衡和快捷。EM等有益菌施入田后，可将动植物残体分解、组装到新生植物中，其地下暗化生长作用比地上光合作用生长量大数倍。

有益菌与根结线虫、韭蛆、蚜虫、白粉虱、斑潜蝇等害虫接触，使成虫不会产生变态酶（脱皮素）而不能产卵，卵不能成蛹，蛹不能成虫。有益菌中的乳酸菌和放线菌不仅能抑制腐败菌和病毒，而且其分解有机体形成的肽、抗生素、多糖可防治叶霉病、晚疫病等病害。菌能将难溶态的锌、硼、钾、碳等营养分解成可溶状态，达到抗病、增产作用。

很多人认为根结线虫是虫害，其实是土壤营养不平衡，引起的根腐病害，虫是因病害而招之来的，所以应以改善土壤生态环境为工作目标，山西新绛县樊村邓立合，近几年在温室田施用生物菌，根结线虫就不治而退了，在碳素中加入有益生物、施用后可减少氮、磷肥投入60%～80%，这是因为固氮解磷功能和直接将有机物进行转换作用，减少了化肥对农田和食品的污染，取得低投入、高产出的效应。例如，每667米^{2}菜地施入牛粪（含碳26%）、鸡粪各2500千克，或施入大量秸秆（含碳45%），在有益菌的作用下，可增产1万千克以上。此外，在有益菌的作用下，只需补充少许钾肥，其他15种营养就可基本调节平衡。

1克液体中含有益生物菌20亿～500亿个，1克固体有益菌肥中含有益生物菌0.2亿～2亿个。每亩菜地施用液体有益菌1～2千克或固体有益菌肥100～150千克后，每季可分解有效磷2～4千克（相当于过磷酸钙10～50千克，提高磷肥利用率77.4%）、分解有效钾6.8千克左右（相当于天然矿物硫酸钾13.6千克）、提高有机氮利用率22%左右（相当于碳酸氢铵30～50千克），可吸收空气中的氮，减少氮、磷肥投入50～80千克，同时可分解牛粪和秸秆3000千克以上。

有益菌能平衡土壤和作物营养，控病抑虫，解除肥害，有害病菌可降低70%左右，且可增加植株根量，例如，一茬茄果类蔬菜每亩用地力旺复合益生菌肥100～150千克或地力旺复合益生菌液10～15千克，与鸡粪、牛粪各2500千克拌施后，仅在结果期施用天然矿物硫酸钾100千克，而不再施用其他肥，每亩产量达1

万千克左右。

生产实践证明，有机质碳素粪肥（如秸秆、牛粪、腐植酸肥等）与有益菌拌施或冲施，具有以下作用：①有益菌能占领生态位，可改善土壤恶化现象。②在连续阴天及弱光条件下，有益菌能使新生植株保持正常运转而不衰凋。③有益菌可以抑制因粪害、肥害等引起的根茎坏死现象，促生新根。④有益菌与有机碳、氢、氧肥结合，只需补施少量钾肥，便可达到作物高产优质。此外，施用有益生物菌肥后，蔬菜作物可直接吸收氢、氮而起到抗病作用，并对pH值具有双向调节作用。

（二）有益菌的作用与生产应用

现代农业发展要靠整合利用资源，而有益菌是整合植物和土壤营养、天然资源的重要资源。有机农业的发展就在于应用有益菌+有机质+植物诱导剂+钾+植物修复素技术，将五要素整合利用，就能使作物低投入高产出，并属有机食品。

生命立足于土，来源于土。所谓土是活的，是有生命的；说明土活来源于菌，土孕育生命。土地上一切生命同时依赖于有机质、水、温、气、光。大自然构造着土地上的生命和机能，生育着极为丰富的有机物。作为农业耕种者，首先要解放思想，学会利用大自然惠及和恩赐的能源，其有益菌是主要利用之一。

1.有益菌推广利用起步艰难

一是20世纪70年代以来，化学工业产物的速效性误导着广大科研工作者和广大农民，认为效果快无可代替；二是有益菌技术发明推广，被少数个人利益所保守和把持，不能全民普及利用；三是不知道有益菌要与有机碳素物、水结合并持续利用，在土壤渗透性好的条件下，才能发挥巨大作用；四是不懂得用植物"中药"原理调理来控制植株营养生长，促进可食用部分增产；五是不了解有益菌的生活繁殖习性，不会利用有益菌；六是不懂得有机质粪肥，在杂菌作用下会被自然浪费和危害作物。而有益菌不仅能保护分解有机肥，还能将此营养以团队形态通过根进入植物体，是利用有机质和光合作用积累营养的3倍。

2.有益菌的作用

有益菌于20世纪40年代研究发明，80年代日渐成熟，并广泛应用于种植业、养殖业、人体保健食品业和环境保护业的一项成果。先后被美国、丹麦、加拿大等24个国家和地区引进推广，取得了极其显著的效果。温家宝总理题词："酵素菌技术是中国农业未来之希望"。也可谓是："跨世纪有机生态农业生产技术之本"。

有益菌技术是根据土壤微生物生态学和植物营养生理学原理，以现代生态有机农业的基本概念而研制应用的一种纯天然活性菌种，它以土壤有益微生物为核心，有机、无机矿物质和微量元素为基础，以有机碳素物为寄生原料来繁衍有益微生物，补充和就地挖掘并聚合空气中天然营养（二氧化碳330毫克／千克），调节土壤生态和植物生理平衡，是一种使植物高产优质的生物技术，可谓土壤活力之"中药"，植物健康营养之"挖掘器"。

有益菌技术的目的，就是改变土壤理化条件，促进土壤有益微生物增殖，提高土壤中微生物数量，改善土壤生态条件，平衡供给土壤必要的养分，造就能优质高产的有机农作物生长土壤。

3.有益菌的解钾原理

我国土壤含钾较低，且95%属难溶性钾，为无效钾，遇酸才易溶解。1克菌液中含10亿多有益菌，每6～20分钟可繁殖一代，并无限衍生后代，这些有益菌可将难溶性钾侵蚀分解后转化为有效钾供植物吸收。每亩投入2千克有益菌液，可使田间保持自生有效钾16～20千克，并一次施入可长期享用。过去人为的补钾、磷、氮过重，会导致锌元素吸收的抗拒效应，使植株生长不良，产量下降。解害的办法也是用有益菌。

4.有益菌的释磷原理

目前多数土壤中是氮足、磷余、钾奇缺，平均有效钾缺

80%，磷余2～3倍，高达84毫克/千克，磷肥的投入多系撒施和冲施，磷素是以磷酸的形态被作物吸收，撒施、冲施后失去酸性，就会被土壤吸附固定，50%～80%的磷素失去被作物吸收的活力。土壤含磷过多会使土壤板结，透气性差，有益菌不能充分繁殖，导致植物根系缺氧和磷中毒，当季当年利用率越少，增产幅度会越小，土壤含量超过40毫克/千克，就要停止施磷。田间施入BYM有益菌，能使被土壤固定的磷重新释放出来。亩施1～2千克BYM菌液，每季可释放有效磷8～16千克，就可以满足植物生长对磷的要求。

5.有益菌的固氮原理

氮素化肥埋施利用率30%～40%，撒施15%～30%，如果亩施2千克有益菌液，其中的放线菌能够利用分子态氮作为植物氮素营养，把空气中（含量79.1%）以及施入田间有机肥中没被植物吸收的氮固定下来，供植物均衡吸收利用，不再施化学肥料，就能满足作物生长需要。

6.有益菌的防病原理

有益菌由80多种有益微生物作为活性能源，不仅可以用自身产物来改善土壤营养，刺激植物生长，同时能抑制和取代土壤中有害菌的繁殖生长。一般使用后一年可使土壤有害菌降低70%左右，并逐渐取而代之至净地，可有效防治恶疫霉菌、黑根霉菌、立枯霉菌、镰刀霉菌等引起的土传病害。

7.有益菌的增产原理

有益微生物使土壤疏松，透气性好，含氧量达17%左右，从而满足了根系生长，根系比对照多50%～60%，深根增加20%～30%，能提高地温1～3℃，保水保肥，解板结、解盐化、解重金属物。

8.有益菌生产工艺流程

（1）扩大菌生产工艺：原菌+培养基（米糠、麦皮、玉米粉、豆粉、葡萄糖类等）＋水（含水量55%）→混合、搅拌、荫干→生产菌种。

生产工艺要求：温度20～26℃，湿度55%。

（2）有益菌液生产工艺：①追施灌根用菌：生产菌种＋有机质（牛粪、秸秆、鱼粉、骨粉、豆粉、干鸡粪、作物绿色素即马齿菜等一切绿色叶片）＋矿物质（钾矿粉、赛众28、各种微量元素）＋水→自然发酵7～12天→过滤→质量检验→包装→有机质菌液灌根或浇施。

②叶面喷施用菌：生产菌种＋天然有机液（马铃薯汁、大豆汁、80℃左右煮30分钟后，过滤降温至自然温度）＋葡萄糖类（红糖、白糖、蜂蜜）＋水→自然发酵7～12天→过滤→质量检验→包装→有机质菌液植物叶面喷施。

（3）畜禽食饮液生产工艺：生产用菌种＋大豆汁＋绿色素含量高的植物绿叶（马齿苋、苋菜、菠菜、萝卜秧、地瓜秧等绿色叶茎）→发酵3天后开始食用→冬春季低温期可用10～12天，夏秋季高温期可用5～7天（注：有氨味后禁止食用，以防氨气中毒）。

9.有益菌的环保效应

土壤是微生物和作物的载体，要求土壤环保及微生物生命环保，营养是作物的"粮食"。"粮食"是靠有益菌分解，有益菌的孢子在空中飞扬，遇有机质、水分、温度就能发芽繁延，20世纪70年代之后，我国多数地区因长期大量使用化肥，已使土壤生态环境、理化性状及微生物体系受到不同程度的损坏，尤其是过量使用单一化肥，已使土壤中营养失调，养分供给能力下降。土壤板结力加剧，根系微生物群大量减少，并在一定程度上对农作物的品质造成污染，使产品难以达到有机食品的要求，难以再提高产量。

近年来，农产品中所含的硝酸盐（能造成人体致癌物质），严重威胁着人们的身体健康及生命安全，食品安全已成为人们关注的问题。使用BYM菌技术生产的农产品，是利用微生物作用来改善土壤生命力，可将硝酸盐、磷酸盐、硅酸盐及其他矿物质养分转化分解为可溶性物质，以平衡供给作物养分，化解有害物，特别是食品中的重金属，为生产有机产品创造生态条件。

在日本、美国、加拿大、以色利等农业发达国家，农业生产中微生物菌肥已占总肥量的90%以上，我国大多数土壤从作物生长环境和土壤生态条件都需要改善，不然会挫伤农民生产的积极性，产品不能与国际接轨。

随着微生物领域和科学技术的进步，世界各国的科学家普遍认为农业要向规模性、可持续性发展，植物营养供给要向高效、节能、无污染等方面发展，即寻求一种以土壤活性有益微生物为主体，有机新型生物菌技术便顺应这一发展方向。

有益菌技术用于养殖业，可提高畜禽对饲料的消化率，防治和减少消化系统疾病，降低消除粪便臭味，改善畜舍环境，使肉、蛋、奶成为有机食品。

安徽阜阳市程集镇张营村谢桥村谢志强，用氮素化肥、鸡粪造成蔬菜肥害，死秧严重，冲施地力旺复合益生菌解害，恢复生长。四川省内江市科协史俊，总结的有益菌在蔬菜上的应用实效，用地力旺复合益生菌浇蔬菜，增产幅度为20%～140%，病虫害减少，成熟明显提早，采收期延长，商品性好，投入产出比为1：10～30。

用地力旺复合益生菌技术种植辣椒，苗壮，整齐，叶绿，病少，不烂根、不卷叶，开花、结果多，增产率达38.5%，使用生物菌液投入产出比为1：18.7。

地力旺复合益生菌应用比对照增产1倍多，但没有有机质，钾和控秧技术配合，光靠生物菌不会有这么多增产幅度。另外，再注重施秸秆、牛马粪、草碳一类的含碳、氢、氧物肥，还有较大的增产空间。

第三节　生物有机技术国内外研究现状

发展有机食品农业是人类的共同追求，西方国家的生产模式是："卫生田（不施任何肥料等物质）+种苗+换地+田间管理=低产有机农作物食品。土壤越种越薄，产量一年比一年低，几年后搁置休闲，重新选一块地生产。"（见中国农科院研究员刘立新著《科学施肥新思维与实践》，2008年5月由中国农业科学技术出版社出版）。

中国式有机农业生物整合创新高产栽培模式，一是将中国农业八字宪法提升为"作物十二平衡管理技术"，即"土肥水种密保管工"改为土肥水种密气温光菌、环境设施、地上与地下、营养生长与生殖生长等12平衡。二是将作物生长的三大元素氮磷钾只占作物体2.7%调整为碳氢氧，占作物体95%左右。三是将作物生长主要靠太阳的光合理论调整为靠生物有益菌的有机营养理论，从而创新集成了五大要素，即碳素有机肥（秸秆、禽畜粪等）+地力旺复合益生菌+天然矿物钾+植物诱导剂（有机农产品生产准用认证物资）+种苗=投入比化学农业技术成本降低30%～50%，产量提高0.5～3倍，产品符合国际有机食品标准要求。此技术建议于2009年2月以信函方式奉报国务院温家宝总理，2009年4月24日国务院派中国肥业调查组到山西新绛调查，当年6月4日国务院办公厅2009年6月2日以45号文件正式出台了《促进生物产业加快发展的若干政策》，拉开了生物技术农业发展的序幕。2010年中共中央在"十二五"规划中提出："要培养2000万生物技术骨干人才队伍"，将生物技术应用推向实质性发展阶段。

（一）国内外同类技术对比

目前国内外行业专家均认为，生产有机农作物食品不用化肥农药产量上不去，用上化肥农药又不符合原生态有机食品生产要求，正处于无奈选择出路时期。

而我们总结的生物整合创新高产栽培模式，不用化肥和化学农药，但必须用碳素有机肥来保障作物生长的主要营养元素供应；用地力旺复合益生菌液提高自然界营养的利用率；用天然钾壮秆膨果提高产量；用植物诱导剂增根控秧防治病虫害。选择适宜当地消费的品种，增加市场份额，提高种植收益。本技术属国际先进水平，目前无同类技术相媲美。

近8年来，山西新绛县组织的生物有机农业团队在全国各地所有省市（自治区）累计推广面积超亿亩，各地（包括台湾两岸农业发展公司）应用反馈意见证明，在各种作物上应用产量均可提高50%～200%，田间几乎不考虑病虫害防治，产品味醇色艳。这项技术成果的推出，可解决农业可持续发展问题，可落实好国务院提出的2020年较2008年农业收入提前翻番的目标和食品质量安全供应问题。

（二）技术突破及技术创新点

我国农业八字宪法（即土、肥、水、种、密、保、管、工）于20世纪中叶后在农业生产发展上起到了重大指导作用，特别是化学肥料、农药的生产和应用，对解决我国人民温饱问题起到了主导作用。但同时也束缚了广大干部、农民对现代农业、生物农业和有机农业的认识和发展。不能充分的利用天然资源，如空气中的氮（含量79.1%）、二氧化碳（含量330毫升／千克）利用率1%～6%，生物秸秆和土壤矿物营养利用率当季不到25%，化学肥料利用率也只有10%～30%，十二生态平衡技术（即土、肥、水、种、密、气、光、温、菌、地上与地下、营养生长和生殖生长、设施）的提出，注重利用光、温、气、菌天然因素，农业投入成本较化学农业技术可降低50%，产量可提高1倍左右，即翻番，产值可提高1～3倍。

作物生长的三大元素是碳、氢、氧（占干物质96%左右），而不是传统认为的氮、磷、钾（只占2.7%～4%），也就是说：作物鲜体含水分90%左右，11千克可干1千克干秸秆，那么1千克干秸秆在水分和生物菌的作用下，可生长11千克新生植物体。对叶菜而言，1千克干秸秆可长11千克菜；对果树果菜而言，1千克干秸秆可长5～7千克瓜果；对粮食作物而言，茎秆与颗粒各占50%左右，而且秸秆是多种营养成分共存的复合体。干秸秆中含碳45%，牛粪、鸡粪中含碳25%左右，作物高产所需碳氮比，过去讲30：1，增产幅度1：1，而现实证明，碳氮比达60～80：1，增产幅度在1：1的基础上，可增产1～1.5倍。2009年5月24日，国务院委闵九康一行11人到新绛考察，笔者列举了100名产量翻番用户，推广这项科技成果可行。

氢、氧、氮等营养以菌丝残体形态直接通过植物根系进入新生植物体，利用和生成有机物是光合作用的3倍，那么增产幅度就是1～3倍。钾是品质高产元素，50%天然矿物钾或赛众矿物肥（属有机农产品准用认证物资）含量50%钾100千克可生成果瓜8000千克，叶菜1.6万千克，可生成粮食1660千克。植物诱导剂可控秧徒长，增根1倍左右，光合强度增加50%至4倍，抗病抗虫，几乎不需农药，植物修复素增甜、增色、增产显著。

（三）目前已产生的效益

目前我国化学技术农业和生物有机肥农业的产量对比情况。先举几个例子，西红柿现在用化学技术一茬亩高产量0.5万～0.8万千克，生物技术一茬亩高产量1.5万～2万千克；茄子现在化学技术亩产量0.5万～0.8万千克，生物技术亩产量1.3万～2.5万千克；辣椒化学技术亩产量4000千克，生物技术亩产量0.75万～1.5万千克；黄瓜化学技术一茬亩产量0.3万～0.8

万千克，生物技术一茬亩产量1.5万～2.3万千克。

小麦按化学技术回茬小麦一般亩产250～300千克，2010年山西省新绛小李村马怀柱用生物技术亩产608千克；山东成武赵景天化学技术亩产300余千克，生物技术亩产750千克；河南南阳司民胜化学技术亩产450千克，生物技术亩产1020千克。山西省新绛北行庄张更蛋玉米用生物技术拌种，增产30%，也就是说一般化学技术产量600千克，生物技术亩产900千克以上。在甘肃临洮县八里铺上街村王志晓田，选用豫玉2号，生物技术亩产1100千克，据他说，冰雹打了一下，不然可达1200～1500千克。

苹果化学技术盛产期亩产量2500千克，生物技术5000～6500千克。山西省新绛北张镇西南董张栋梁用生物技术连续三年亩产4600千克，新绛县横桥乡西王村张安娃亩产5100千克，陕西礼泉县罗树发亩产6250千克。

（四）化学技术农业和生物技术农业的用物区别

用尿素、硝铵、二铵、一铵、硝酸磷、硝酸钾等化学合成肥料和化学合成农药，生长刺激素，栽培管理农作物就是化学技术农业，是目前只有我国农业发展的主要政绩。

用生物秸秆，即植物残体，动物粪便（畜禽粪）、益生菌（EM菌液），天然矿物钾或生物钾肥，植物诱导剂（植物制剂），植物修复素（矿物制剂）五要素作业就是生物整合成果技术，就是农业创新技术，应用本技术就能达到降低成本30%～50%，提高产量0.5～3倍，产品属有机食品。

应用生物技术，碳素有机肥可就地收集沤制，就地应用于生产，农作物产量可成倍提高，农业收入可翻番，食品实现优质供应，可谓一箭双雕。

（五）分析生物技术障碍阻力有五方面

一是很多人对作物生长所需营养元素多少比例认识上有误解。作物生长所需的三大元素是碳、氢、氧，早在70年代前苏联专家出版《植物营养与诊断》专著上就有说明，我国的教科书上也将碳、氢、氧排在前三位。而在目前现实生产上，科技人员和广大农民，多数人都把眼光盯在植物体含量2.7%左右的氮、磷、钾作用上，忽略着含量95%左右的碳、氢、氧，主次倒置，自然作物产量受到限制。

二是对作物吸收产生营养物质有偏见。光合作用合成有机质及肥料的利用只占10%～22%，自然界及空气中二氧化碳、氮气利用率不到1%，多数人不知道根系可以直接吸收土壤中的有机营养。特别在EM有益生物菌的作用下，能将有机物利用率提高到100%～200%（见日本比嘉照夫著《拯救地球大变革》，1984年中国农业大学出版社）。即有机肥全利用，并能吸收空气中和分解土壤中的营养，谓有机营养理论，这样就可提高作物产量50%～300%。

三是不会利用整合技术。有机质物中的碳、氢、氧靠杂菌分解利用率低，洒上地力旺复合益生菌利用率高，有机质肥与益生菌成为互为作用，是作物健康生长的结合点。缺碳素物益生菌不能大量繁殖后代而发挥巨大作用；缺益生菌有机质不能充分分解和利用，效果亦差。

以上两者结合作物生长势强，但叶茎生长旺，易徒长，用植物诱导剂在作物叶面上喷洒或灌根，根系增加70%以上，光合强度提高50%～400%，植株抗热、抗寒、抗病、抗虫，能控制叶蔓生长，促进营养向果实积累，产量效果凸现。

以上三要素使作物叶、蔓、根、花、果生长旺盛了，但长果实需要的大量元素是钾，多数地区土壤中钾营养只能供应作物低产量需求，要应合有益菌分解有机质和植物诱导剂提高作物生长强度，使作物产量大幅度提高，就需较大量的补充钾元素，可按50%天然矿物硫酸钾100千克产鲜果实8000千克，可产全食叶菜1.6万千克投入，才能归结到提高作物产量1～3倍。

在作物生长中，难免因当地土壤质量，水质、气候、湿度等环境产生病、虫害使作物叶果染病，影响产量和质量，叶面上喷洒植物修复素可激活作物体上沉睡的细胞，打破顶端生长优势，营养向中下部转移，愈合病虫害伤口，使果实丰满光滑，色泽鲜艳，增加含糖1°～2°，果形漂亮，就达到了商品性状好，产量高、投入少，农业收入高的境界，并能保障食品质量安全从源头做起，这就是整合成果技术。笔者研究的这项成果2009年获河南省人民政府科技进步二等奖。2010年12月10日被国家知识产权局登记为发明专利，2010年8月3日正式向全世界广布。

四是化学农资生产经销者的阻力。40余年的化学农业，造就了一批化肥、化学农药企业，形成了根深蒂固的产销网络，这批人受利益左右，接受生态生物农业技术，自然就存在着认识和所经营物资的转型和滞销问题，这个关系网要打破，势必影响他们短暂的收益和生活。心目中即使认为好，也不公开说好，有些人还找理由茬口对抗推广生态生物技术。

五是许多上级领导和高级知识分子对生态生物农业技术效果不太了解。邓小平指出"将来农业问题的出路，最终要由生物工程解决"。相对于二十世纪的化学农业来说，二十一世纪将是生物农业的世纪。

故建议，各级干部及群众认真领会邓小平理论和中共中央、国务院关于生物技术推广应用政策精神，把农业经济翻番和食品安全生产供应放在依靠生态生物技术推广应用上；从认识上接受联合国粮食权利特别报告员奥利维德舒特，研究报告中肯定指出的意见：①生态农业将解决全球人温饱问题。②生态农业有望实现全球粮食产量翻番。③生态生物技术提高产量胜过化肥，可提高79%以上。各级党政部门应大力组织宣传，应用生物技术发展生态农业，保障地方农业经济提前翻番和食品安全生产供应。

第二章 有机作物生产五要素与十二平衡管理技术

一、五要素功能

（一）有机碳素肥

作物生长的三大元素是碳、氢、氧，占作物体所需95%左右，即秸秆，畜禽粪、风化煤、草炭、各种农副产品下脚料、饼肥，而不是只占作物体2.7%氮、磷、钾。所以施大量化肥，浪费量70%～90%，污染环境和食品。目前，增产已到极限，再想提高没啥前景。而有机肥中的碳、氢、氧是决定产量翻番的基本物资。1千克干秸秆可产6千克鲜果实，12千克叶菜，0.5千克干籽粮食。需求量的主次摆正，作物就能高产优质。

（二）地力旺复合益生菌

有机肥必须施用益生菌液，有机肥在杂菌作用下只能利用20%～24%，76%～80%有机营养放空而去。而在有机肥上撒上益生菌，其中的碳、氢、氧、氮不仅全利用，而且还会吸收空气中的二氧化碳（含量330毫克/千克），吸收空气中的氮元素（含量79.1%），我们在不施生物菌和肥的情况下，空气中的营养利用率不足1%，用上益生菌利用率可提高1倍以上，所以说化肥是低循环利用，生物菌对天然有机营养是高循环利用，可提高利用率1～3倍，产量也就可提高1～3倍。

另外，生物菌还有几个好作用。①根系可直接吸收土壤中的有机质肥营养，即不通过光合作用合成产品。②平衡土壤和植物营养，作物不易染病。③使害虫不易产生脱壳素而窒息死亡，能化虫。④能打开植物风味素和感化素，品质优良，好吃。而施化学物能闭合植物次生代谢功能，"两素"不能释放，口感不好、营养价值低，是因为每种作物的特殊风味释放不出来。⑤能分解土壤中营养，吸收空气中营养。

（三）膨果钾

作物产量要翻番，除新疆罗布泊和青海、甘肃区域土壤中钾盐丰富区，土壤含钾量在200～400毫克／千克，不必施钾外，全国各地土壤含量都在100毫克／千克左右，作物要高产，必须补钾。瓜果作物施含量50%天然钾100千克按产果8000千克投入计算，产叶菜16000千克，产小麦、玉米等干籽粮食1660千克。

（四）植物诱导剂

有机肥、生物菌三结合，作物抗病长势旺，秆壮。但不一定能高产，因为作物往往徒长，营养生长过旺，必然抑制生殖生长。怎么办？用植物诱导剂灌根或叶面喷洒，控秧促根，控蔓促果，提高光合强度50%～400%，作物抗热、抗冻、抗病，生长能力特强，产量就特高。

（五）植物营养调理素

能愈合病虫害伤口，修复药害植株，打破顶端生长优势，营养向下方果实转移。提高产品含糖度1.5%～2%，能激活叶片沉睡的细胞，果实丰富漂亮。

二、用法用量

（一）碳素有机肥

每10000千克禽类粪，提前15～20天用2千克地力旺复合益生菌液喷洒分解，对水数量以洒完后地面不流水为度；畜粪、秸秆（粉碎或切成5～10厘米段）施入田间后，亩冲施地力旺复合益生菌液2～4千克为准；以鸡、牛（秸秆）各50%为好。以利碳氮比达（30～90）：1。粮食作物按亩产1000千克投入，需牛、鸡粪各2000千克或鸡粪2000千克加干秸秆500千克；瓜果作物按亩产1.5万～2万千克投入，需施鸡、牛粪各0.5万千克，或鸡粪0.5万千克配干秸秆2500千克。当地土壤有机质含量在3%以上，土壤浓度在6000毫克/千克以上，不再施有机碳素肥。

（二）生物菌液

沤制碳素有机肥亩用总量或田间第一次冲施地力旺复合益生菌液2～4千克，生长中后期一次随水冲入1～2千克。

（三）钾

有机肥一次基施量超过1万千克不施钾。可施赛众调理肥25千克，结果期每次随水冲入含量50%天然矿物钾24千克左右。浇水次数多，一次可少施些；浇水次数少，可多施；当地当季土壤含钾在100～120毫克/千克减半施钾，在200～300毫克/千克不再施钾。

（四）植物引诱剂

将原粉放入塑料或瓷盆内，每50克用500克热水冲开，存放24～48小时，夏秋高温季节对水60千克，灌根1200株；越冬、早春冷凉季节对水80千克，灌根1600株，亩用原粉75～100克。幼苗期按1200倍液叶面喷洒；定植后，生长前中期可按600～800倍液叶面喷洒，防病、控秧、增产明显。

（五）植物调理保护剂

取5千克赛众调理肥+1千克食醋对水15千克，每3～4小时搅1次，放1～1.5天，再对水30千克，叶面喷洒，10天一次，能有效预防多种病害，避免白粉虱、蚜虫、黄蜘蛛等害虫为害作物。

第一节 有机农产品基础必需物资——碳素有机肥

影响现代农业高产优质的营养短板是占植物体95%左右的碳、氢、氧。碳、氢、氧有机营养主要存在于植物残体，即秸秆、农产品加工下脚料，如酿酒渣、糖渣、果汁渣、豆饼等和动物粪便，这些东西在自然界是有限的。而风化煤、草碳等就成了作物高产优质碳素营养的重要来源之一。

一、有机质碳素营养粪肥

作物生长的三大元素是碳、氢、氧，占植物体干物质的96%，不是氮、磷、钾，只占3%以下。

每千克碳素可长20～24千克新生植物体，如韭菜、菠菜、芹菜；茴子白减去30%～40%外叶，心球可产14～16千克；黄瓜、番茄、茄子、西葫芦可产果实12～16千克，叶蔓占8～12千克。

碳素是什么，是碳水化合物，是碳氢物，是动、植物有机体，如秸秆。干玉米秸秆中含碳45%，那么，1千克秸秆可生成韭菜、菠菜等叶类菜24×45%=10.8千克，可长茴子白、白菜24×45%×70%（30%的外叶）=7.56千克；可长茄子、黄瓜、番茄、西葫芦等瓜果24×45%×70%（30%的叶蔓）=8千克。多施，与地力旺复合益生菌液混施不会造成肥害。

饼肥中含碳40%左右，其碳生成新生果实与秸秆差不多，牛粪中含碳25%、羊粪中含碳16%。

（一）牛粪

亩施5000千克牛粪含碳素1250千克，可供产果菜7500千克，再加上2500千克鸡粪含碳25%，含量625千克供产果菜3750千克。总碳可供产西葫芦、黄瓜、番茄、茄子果实1万千克左右；那么，可供产叶类菜2万千克左右。

2009年，山东沂南县苏村镇北于村王永强，越冬温室黄瓜选用青岛新干线蔬菜科技研究所选育的"优胜"品种，该品种耐低温弱光和高温高湿，瓜把短，占瓜长1/7，约5厘米，条直，皮色黑亮，瓜头丰满，瓜身无黄线棱条，越冬栽培亩产3万千克以上。

　　按地力旺复合益生菌液（共用45千克），秸秆2000千克，牛、鸡粪各6000千克，植物诱导剂50克，45%硫酸钾200千克，植物修复素4粒，亩产瓜2万余千克，收入3.6万元。

（二）鸡粪

　　鸡粪中含碳也是25%左右，含氮1.63%，含磷1.5%，亩施鸡粪1万千克，可供碳素2500千克，然后2500千克×6=15000千克瓜果产量。但是，亩氮素达163千克，超过亩合理含氮19千克的8倍；磷150千克，超标准要求15千克的10倍，所以肥害成灾，作物病害重，越种越难种，高质量肥投入反而产量上不去。

（三）秸秆

　　秸秆中的碳为什么能壮秆、厚叶、膨果呢？

　　一是含碳秸秆本身就是一个配比合理的营养复合体，固态碳通过地力旺复合益生菌液等生物分解能转化成气态碳，即二氧化碳，利用率占24%，可将空气中的一般浓度300～330毫克/千克提高到800毫克/千克，而满足作物所需的浓度为1200毫升/千克，太阳出来1小时后，室内一般只有80毫克/千克，缺额很大。75%的碳、氧、氢、氮被复合益生菌分解直接组装到新生植物和果实上。再是秸秆本身含碳氮比为80：1，一般土壤中含碳氮比为(8～10)：1，满足作物生长的碳氮比为(30～80)：1，碳氮比对果实增产的比例是1：1，显然碳素需求量很大，土壤中又严重缺碳。化肥中碳营养极其少甚至无碳，为此，作物高产施碳素秸秆肥显得十分重要。二是秸秆中含氧高达45%，氧是促进钾吸收的气体元素，而钾又是膨果壮茎的主要元素。再是秸秆中含氢6%，氢是促进根系发达和钙、硼、铜吸收的元素，这两种气体营养是壮秧抗病的主要元素。三是按生物动力学而言，果实含水分

90%～95%，1千克干物质秸秆可供长鲜果秆是10～12千克，植物遗体是招引微生物的载体，微生物具有解磷释钾固氮作用（空气中含氮高达79.1%），而且携带16种营养并能穿透新生植物的生命物，系平衡土壤营养和植物营养的生命之源。秸秆还能保持土温、透气、降盐碱害，其产生的碳酸还能提高矿物质的溶解度，防止土壤浓度大引起的灼伤根系，抑菌抑虫，提高植物的抗逆性。为此，秸秆加菌液，增产没商量。

二、碳素腐植酸有机肥

陕西绿农生物有机碳系列肥对作物有七大作用：

（一）胡敏酸对植物的生长刺激作用

腐植酸中含在胡敏酸38%，用氢氧化钠可使胡敏酸生成胡敏酸钠盐和铵盐，施入农田能刺激植物根系发育，增加根系的数目和长度。根多而长，植物就耐旱、耐寒、抗病，生长旺盛。作物又有深根系主长果实，浅根系主长叶蔓的特性，故发达的根系是决定作物丰产的基础。

（二）胡敏酸对磷素的保护作用

磷是植物生长的中量元素之一，是决定根系的多少和花芽分化的主要元素。磷素是以磷酸的形式供植物吸收，一般当时当季利用率只有15%～20%，大量的磷素被水分稀释后失去酸性，被土壤固定，失去被利用的功效，只有同有机肥或EM微乐士生物菌液结合，穴施或条施才能持效。腐植酸肥中的胡敏酸与磷酸结合，不仅能保持有效磷的持效性，并能分解无效磷，提高磷素的利用率。无机肥料过磷酸钙施入田间极易氧化失去酸性而失效，利用率只有15%左右，腐植酸有机肥与磷肥结合，利用率提高1～3倍，达30%～45%，每亩施50千克腐植酸肥拌磷肥，相当于100～120千克过磷酸钙。肥效能均衡供应，使作物根多、蕾多、果实大、籽粒饱满，味道好。

（三）提高氮碳比的增产作用

作物高产所需要的氮碳比例为1∶30，增产幅度为1∶1。近年来，人们不注重碳素有机肥投入，化肥投量过大，氮碳比仅有1∶10左右，严重制约着作物产量。腐植酸肥中含碳为45%～58%，增施腐植酸肥，作物增产幅度达15%～58%。

（四）增加植物的吸氧能力

陕西绿农生物有机碳系列肥是一种生理中性抗硬产品，与一般硬水结合一昼夜不会产生絮凝沉淀，能使土壤保持足氧态。因为根系在土壤19%含氧状态下生长最佳，有利于氧化酸活动，可增强水分营养的运转速度，提高光合强度，增加产量。腐植酸肥含氧31%～39%。施入田间时可疏松土壤，贮氧吸氧及氧交换能力强。所以腐植酸肥又称呼吸肥料和解碱化盐肥料，足氧环境可抑制病害发生发展。

（五）提高肥效作用

陕西绿农生物有机碳系列肥生产采用新技术，使多种有效成分共存于同一体系中，多种微量元素含量在10%左右，活性腐植酸有机质53%左右。大量试验证明，综合微肥的功效比无机物至少高5倍，而叶面喷施比土施利用率更高。腐植酸肥含络合物10%以上，叶面或根施都是多功能的，能提高叶绿素含量，尤其是难溶微量元素发生螯合反应后，易被植物吸收，提高肥料的利用率，所以腐植酸肥还是解磷固氮释钾肥料。

（六）提高植物抗虫抗病作用

陕西绿农生物有机肥中含芳香核、羰基、甲氧基和羟基等有机活性基因，对虫有抑制作用，特别对地蛆、蚜虫等害虫有避忌作用，并有杀菌、除草作用。腐植酸肥中的黄腐酸本身有抑制病菌的作用，若与农药混用，将发挥增效缓释能力。对土传菌引起的植物根腐死株，施此肥可杀菌防病，也是生产有机绿色产品和无土栽培的廉价基质。

（七）改善农产品品质作用

钾素是决定产量和质量的中量元素之一，土壤中钾存在于长石、云母等矿物晶格中，不溶于水，含这类无效钾为10%左右，经风化可转化10%的缓性有效钾，速效钾只占全钾量的1%～2%，经腐植酸有机肥结合可使全钾以速效钾形态释放出来80%～90%，土壤营养全，病害轻。腐植酸肥中含镁量丰富，镁能促进叶面光合强度，植物必然生长旺，产品含糖度高，口感好。腐植酸肥对植物的抗旱、抗寒等抗逆作用，对微量元素的增效作用，对病虫害的防治和忌避作用，以及对农作物生育的促进作用，最终表现为改进产品品质和提高产量。生育期注重施该肥，产品可达到出口有机食品标准的要求。

目前河南生产的"抗旱剂一号"，新疆生产的"旱地龙"，北京生产的黄腐酸盐，河北生产的绿丰95、农家宝，美国产的高美施等均系同类产品，且均用于叶面喷施，叶用是根用的一种辅助方式，它不能代替根用，腐植酸有机肥是目前我国惟一的根施高效价廉的专利产品。陕西绿农生物科技有限公司绿农有机碳系列肥，用菜籽油饼、烟草下脚料、优质风化煤和天然矿物钾发酵制作而成，其中含有机质58%，全氮8.3%，全磷4.8%，全钾10.4%，pH值为7.5，含重金属砷、镉、铅、铬、汞、蛔虫卵、粪大肠菌在国家允许的标准之内。

利用以上七大优点，增添了有益菌、钾等营养平衡物与作物必需的大量元素，生产出一种平衡土壤营养的复合有机肥，通过在各种作物上做基肥施用，增产幅度为15%～54%，投入产出比达1：9。如与生物菌、钾、植物诱导剂结合，可提高产量0.5～3倍。

三、建议应用方法

腐植酸即风化煤产品30%～50%＋鸡、牛粪或豆饼各15%～30%，每60～100吨有机碳素肥用地力旺复合益生菌液1吨处理后做基肥使用。并配合天然矿物钾或50%硫酸钾，按每千克供产叶菜150千克，产果瓜菜80千克，产干籽粒，如水稻、小麦、玉米0.5千克投入（这三个外因条件必须配合）。另外，每亩用植物诱导剂50克，按800倍液拌种或叶面喷洒、灌根，来增强作物抗热、抗冻、冻病性，提高叶片光合强度，控秧蔓防徒长，增根膨果。用植物修复素来打破植物生长顶端优势，营养往下部果实中转移，提高果实含糖度1.5%～2%，打破沉睡的叶片细胞，提高产品品质效果明显。

有机农产品销往日本、韩国、俄罗斯、中东国家以我国香港、澳门等地区，备受欢迎。

第二节　有机农产品生产主导必需物资——地力旺复合益生菌液

食品从数量、质量上保证市场供应，是"三农"经济低投入、高产出的注目点。利用整合技术成果发展有机农业已成为当今时代的潮流。笔者总结的"有机碳素肥（秸秆、畜禽粪、腐植酸肥等）+地力旺复合益生菌液+植物诱导剂+天然矿物硫酸钾+植物修复素等技术＝农作物产量翻番和有机食品。山西省新绛县立虎有机蔬菜专业合作社在该县西行庄、南张、南王马、西南董、北杜坞、黄崖村推广应用，番茄、黄瓜一年两作亩产3万～4万千克；茄子一茬亩产2万～2.5万千克；苹果没了大小年，年产3500～5000千克；药材、小麦等均比过去用化学农药、化学肥料增产0.5～3倍。

其中，地力旺复合益生菌液在其中起主导作用，该产品活性益生菌含量高、活跃，其应用好处：

（1）能改善土壤生态环境，根系免于杂、病菌抗争生长，故顺畅而发育粗壮，栽秧后第二天见效。

（2）能将畜禽粪中的三甲醇、硫醇、甲硫醇、硫化氢、氨气等对作物根叶有害的毒素转化为单糖、多糖、有机酸、乙醇等对作物有益的营养物质。这些物质在蛋白裂解酶的作用下，能把蛋白类转化为胨态、肽态可溶性物，供植物生长利用，产品属有机食品。避免以上五种毒素伤根伤叶，作物不会染病死秧。

（3）能平衡土壤和植物营养，不易发生植物缺素性病害，栽培管理中几乎不考虑病害防治。

（4）土壤中或植物体蘸上地力旺复合益生菌液，就能充分打开植物二次代谢功能，将品种原有特殊风味释放出来，品质返璞归真，而化肥是闭合植物二次代谢功能之物质，故作用产品风味差。

（5）能使害虫不能产生脱壳素，用后害虫会窒息而死，减少危害，故管理中虫害很少，几乎不用考虑虫害防治。

（6）能将土壤有机肥中的碳、氢、氧、氮等营养以菌丝残体的有机营养形态供作物根系直接吸收，是光合作用利用有机质和生长速度的3倍，即有机物在自然杂菌条件下利用率20%～24%，可提高到100%，产量也就能大幅度增加。

（7）能大量吸收空气中的二氧化碳（含量330毫克/千克）和氮（含量79.1%），只要有机碳素肥充足，地力旺复合益生菌液撒在有机肥上，就能以有机肥中的营养为食物，大量繁殖后代（每6～20分种生产一代），便能从空气中吸收大量作物生长所需营养，由自然杂菌吸收量不足1%，提高到3%～6%，也就基本满足了作物生长对氮素的需求，基本不考虑再施化学氮肥。

（8）地力旺复合益生菌液能从土壤和有机肥中分解各种矿物元素，在土壤缺钾时，除补充一定数量的钾外［每50%硫酸钾100千克，供产鲜瓜果8000千克，粮食800千克投入（没有将有机肥及土壤中原有的钾考虑进去）］，其他营养元素就不必考虑再补充了。

（9）据中国农业科学院研究员刘立新研究，地力旺复合益生菌液分解有机肥可产生黄酮、氢肟酸类、皂苷、酚类、有机酸等是杀杂菌、病菌物质。分解产生胡桃酸、香豆素、羟基肟酸能抑草杀草。其产物有葫芦素、卤化萜、生物碱、非蛋白氨基酸、生氰糖苷、环聚肽等物，对虫害具有抑制和毒死作用。

（10）能分解作物上和土壤中的残毒及超标重金属，作物和田间常用地力旺复合益生菌液或用此菌生产的有机肥，产品能达到有机食品标准要求。2008—2010年山西省新绛县用此技术生产的蔬菜，供应我国香港、深圳、澳门地区及中东国家，在国内外化验全部合格。

（11）梅雨时节或多雨区域，作物上用地力旺复合益生菌液，根系遇连暗天不会大萎缩，太阳出来也就不会闪苗凋谢死秧，可增强作物的抗冻、抗热、抗逆性，与植物诱导剂（早期用）和植物修复素（中后期可用）结合施用，真菌、细菌、病毒病不会对作物造成大威胁，还可控秧促根，控蔓促果，提高光合强度，促使产品丰满甘甜。

（12）田间常冲地力旺复合益生菌液，能改善土壤理化性质，化解病虫害的诱生源，防止作物根癌发生发展（根结线虫）。

（13）盐碱地是缺有机质碳素物和生物菌所致，将二者拌合施入作物根下，就能长庄稼，再加入少量矿物钾，三个外因能满足作物高产优质所需的大量营养，加上在苗期用植物诱导剂，中后期用植物修复素增强内因功能，作物的高产优质就充分表达出来了。

第三节 提高有机农作物产量的物质——植物诱导剂

植物诱导剂是由多种有特异功能的植物体整合而成的生物制剂，作物蘸上植物诱导剂能使植物抗热、抗病、抗寒、抗虫、抗涝、抗低温弱光，防徒长，作物高产优质等，是有机食品生产准用投入物（2009年4月4日被北京五洲恒通有限公司认证，编号GB/T19630.1—2005）。

植物诱导剂能纳入有机蔬菜高产栽培五要素，即碳素肥+植物诱导剂+地力旺复合益生菌液+钾+植物修复素=作物有机食品。此技术2009年获山西省人民政府科技进步二等奖，2010年获国家知识产权发明专利，它具有很强科学道理和应用价值。

植物诱导剂被作物接触，光合强度增加50%～491%（国家GPT技术测定），细胞活跃量提高30%左右，半休眠性细胞减少20%～30%，从而使作物超量吸氧，提高氧利用率达1～3倍，这样就可减少氮肥投入，同时配合施用生物菌吸收空气中氮和有机肥中的氮，基本可满足80%左右的氮供应，如果亩有机肥施量超过10000千克，鸡、牛粪各5000千克以上，在生长期每隔一次随浇水冲入地力旺复合益生菌液1～2千克，就可满足作物对钾以外的各种元素的需求了。

作物享用植物诱导剂后，酪氨酸增加43%，蛋白质增加25%，维生素增加28%以上，就能达到不增加投入，提高作物产量和品质的效果。

光合速率大幅提高与自然变化逆境相关，即作物沾上植物诱导剂液体，幼苗能抗7～8℃低温，炼好的苗能耐-6℃低温，免受冻害，特别是花芽和生长点不易受冻。2009年河南、山西出现极端低温-17℃，连阴数日后，温室黄瓜冻害，而冻前用过植物诱导剂者安然无恙。

因光合速率提高，植物体休眠的细胞减少，作物整体活动增强，土壤营养利用率提高，浓度下降，使作物耐碱、耐盐、耐涝、耐旱、耐热、耐冻。光合作物强、氧交换能量大，高氧能抑菌灭菌，使花蕾饱满，成果率提高，果实正、叶秆壮而不肥。

作物产量低，源于病害重，病害重源于缺素，营养不平衡源于根系小，根系小源于氢离子运动量小。作物沾上植物诱导剂，氢离子会大量向根系输送，使难以运动的钙、硼、硒等离子活跃起来，使作物处于营养较平衡状态，作物不仅抗病虫侵袭性强，且产量高，风味好，还可防止氮多引起的空心果、花面果、弯曲果等。植物诱导剂与相应物质匹配增产优异的原因，一是因为碳素物是作物生长的三大主要元素，在作物干物质中占45%左右，应注重施碳素有机肥。二是因为地力旺复合益生菌液与碳素物结合，益生菌有了繁殖后代的营养物，碳素物在益生菌的作用下，可由光合作用利用率的20%～24%提高到100%，76%～80%营养物是通过根系直接吸收利用，所以作物体生长就快，可增加2～3倍，我们要追求果实产量，就要控制茎秆生长，提高叶面的光合强度，植物诱导剂就派上用场，能控秧促根，控蔓促果，使叶茎与果实由常规下的5：5，改变为(3～4)：(6～7)，果实产量也就提高20%～40%。

植物诱导剂1200倍液，在蔬菜幼苗期叶面喷洒，能防治真菌、细菌病害和病毒病。特别是番茄、西葫芦易染病毒病，早期应用效果好。作物定植时按800倍液灌根，能增加根系70%～100%，矮化植物，营养向果实积累。因根系发达，吸收和平衡营养能力强，一般情况下不蘸花就能坐果，且果实丰满漂亮。

生长中后期如植株徒长，可按600～800倍液叶面喷洒控秧。作物过于矮化，可按2000倍液叶面喷洒解症。因蔬菜种子小，一般不作拌种用，以免影响发芽率和发芽势。粮食作物每50克原粉沸水冲开后配水至能拌30～50千克种子为准。

应用方法：取50克植物诱导剂原粉，放入瓷盆或塑料盆，勿用金属盆，用500克开水冲开，放24～48小时，对水30～60千克，灌根或叶面喷施。密植作物如芹菜等可亩放150克原粉用1500克沸水冲开液随水冲入田间，稀植作物如西瓜亩可减少用量至原粉20～25克。气温在20℃左右时应用为好。作物叶片蜡质厚如甘蓝、莲藕，可在母液中加少量洗衣粉，提高黏着力，高温干旱天气灌根或叶面喷后1小时浇水或叶面喷一次水，以防植株过于矮化提高植物诱导剂效果。植物诱导剂不宜与其他化学农药混用，应用生物技术也就不需要化学农药，因用过植物诱导剂的蔬菜抗病避虫。

用过植物诱导剂的作物光合能量强，吸收转换能量大，故要施足碳素有机肥，按每千克干秸秆长叶菜10～12千克，果菜5～6千克投入，鸡、牛粪按干湿情况酌情增施。同时增施品质营养元素钾，按50%天然矿物钾100千克，产果瓜1万千克，产叶菜1.6万千克投入，每次按浇水时间长短随水冲施10～25千克。每间隔一次冲施地力旺复合益生菌液1～2千克，提高碳、氢、氧、钾等元素的利用率。

2010年新绛县南王马村和襄汾县黄崖村用生物技术，夏、秋番茄亩产1万～2万千克，而对照全部感染病毒病而拔秧。我国北方地区近5年来，因黄化曲叶病毒病的泛滥，没人敢种越夏西红柿，故8～10月份，西红柿价格看好。近几年来，山西新绛县站里村朱小全，按牛、鸡粪各亩施10米^{3}左右，用地力旺复合菌分解消毒，选用金鹏11号或斗牛士等品种，6月中上旬下籽，7月中旬栽，亩用75克植物诱导剂对水60千克灌根，9月下旬至10月份上市，留3～4层果，拱棚遮阴覆盖，亩栽3000株左右，穗留3～4果，用植物修复素（每粒对水20～30千克叶面喷洒，亩冲入50%硫酸钾100千克左右），单果重200克左右，大者400克，亩产1万千克左右，株植一生健康，不许打化学农药，西红柿产量效益均好。

第四节　钾的增产作用

钾是作物生长的六大营养元素之一，具有作物品质元素和抗逆元素之称。红牛牌硫酸钾肥、硫酸钾镁肥属于天然矿质类型，不参杂任何成分，高品质、足含量。特别是硫酸钾镁，内含作物生长发育中必须的钾、镁、硫元素，被誉为作物的"黄金钾"。特别适用于瓜果、蔬菜等高效有机生产应用。

摩天天然矿质硫酸钾肥、硫酸钾镁肥施入各类作物田间，能显著提高产品的品质，增强作物的抗旱、抗寒、抗热害能力，增产效果显著。红牛牌硫酸钾肥含氧化钾50%，每100千克可供产果菜8000～10000千克，产叶菜1.5万千克左右。另外，新疆罗布泊硫酸钾含量51%，也属天然矿质高含量硫酸钾。

赛众牌土壤调理剂为矿物制剂，有机认证准用生产资料。含速效钾8%，缓效钾12%，可膨果壮秆；含硅42%，可避虫；含有30多种植物生长所需的中微量元素和稀土元素，能启开植物次生代谢功能，为土壤和植物保健肥料。一般基施25千克，中后期追施50～75千克，也可用浸出液在黄瓜叶面上喷洒，对提高产品和品质效果尤佳，所产果实在常温下可放20天左右。

每千克钾可供产瓜果菜93～244千克，含量45%硫酸钾100千克可产果菜9000千克。秸秆中含钾0.64%，1万千克含钾64千克，可供产果瓜菜7800千克，如果西红柿、西葫芦、茄子要超过2万千克，尚需补含45%硫酸钾150千克左右，因土壤要有30%缓冲量，富钾田仍有增产作用，还需要在结果前分次增施50千克。如果种植黄瓜作物，产量目标到2万～2.5万千克，那牛粪、钾肥、秸秆还可加倍施入，但鸡粪不能增加。为什么黄瓜耐肥能高产，一是因为根有回避能力，二是因为黄瓜可单性结实，不授粉也能结瓜。

多数群众不注重用钾，不明白钾是品质产量营养，是自然防治病害营养，可以代替农药。另有一部分人知道钾的增产作用，又盲目超量用钾，亩一次超过24千克，产量向相反方向转移。番茄施氮肥过多，抑制钾吸收或不注重施钾，目前，温室越冬蔬菜平均销售价每千克2元，每千克纯钾为4元，投入产出至少有1：（23~31），严重缺钾的土壤投入产出比可达1：70。

据山西省土壤肥料站和山西农业科学院化肥网统计数字，目前高产高投入菜田普遍缺钾，一般菜田补充钾肥可增产10.5%~23.7%，严重缺钾者可增产1~2倍，因土壤常量元素氮磷钾严重失调，缺钾已成为影响最佳产量效益的主要因素。

据日本有关资料，氮素主长叶片，磷素分化幼胎，决定根系数目，钾素主要是壮秆膨果，蔬菜盛果期22%的钾素被茎秆吸收利用，78%的钾素被果实利用。钾是决定茄果产量的主要养料。另据荷兰有机质岩棉栽培资料，氮、磷、钾需要比例分别为214毫克/千克、146毫克/千克和302毫克/千克。

钾肥不仅是结果所需首要元素，而且是植物体内酶的活化剂，能增加根系中淀粉和木糖的积累，促进根系发展、营养的运输和蛋白质的合成，是较为活跃的元素，钾素可使茎壮叶厚充实，增强抗性，降低真菌性病害的发病率，促进硼、铁、锰吸收，有利于果实膨大，花蕾授粉受精等，对提高蔬菜产量和质量十分重要。施磷、氮过多出现僵硬小果，施钾肥后三天见效，果实会明显增大变松，皮色变紫增亮，产量大幅度提高。

钾肥不挥发，不下渗，无残留，土壤不凝结，利用率几乎可达100%，也不会出现反渗透而烧伤植物，宜早施勤施，钾肥施用量，可根据有机肥和钾早期用量，浇水间隔的长短。

因富钾土壤施钾蔬菜也有增产作用，又因保护地内钾素缓冲量有所降低，土壤肥力越高，降低幅度越小，因此，土壤钾素相对不足较普遍，所以有机肥中含钾和自然风化产生的钾只作土壤缓冲量考虑，土壤钾浓度达240～300毫克/千克，蔬菜才能丰产丰收。

很多人不知道自己的田间缺钾多少。缺钾时用一次钾增产效果明显，又大量盲目施钾；前期施钾多，造成茎秆过粗或外叶过厚、肥大；施用氯化钾土壤板结造成生长不良，氯过多伤根，产品品质下降；用含氮、磷、钾三元素复合肥料，氮多叶旺减产或氨害，磷多又浪费肥料。目前，菜田氮少磷余钾奇缺，钾成为土壤营养相对最小值，且需要最大量，是影响产量的主要元素，施钾自然能大幅度增产。

钾与有机肥和有益生物菌不配合，单施造成土壤和植物营养不平衡。有机肥不能充分发挥作用，浪费资源。钾素不能充分的生长果实。植物抗病抗逆性弱，蔬菜难管理，品质差，产量低。

有机生物钾是将氧化钾附着于有机质上。通过复合有益菌分解携带进入植物体，使钾利用率达100%，有机生物钾能改善生态环境，决定产品的质量，同等体积的果实，重量高20%左右。果实丰满度、色泽度和生产速度好。

钾素本身是17种植物必需营养较为活跃的元素，又称品质元素，而且是调节多种元素的兴奋素。有机生物钾可在植物体内逆行流动和转移，维持多种营养元素的吸收，控制植物气孔关闭，尤其能控制植物的抗旱、抗冻、抗热、抗真菌、细菌的侵染能力。能增加可食部分8%～28%和一级商品率达80%以上，延长果实存放期，其产品符合绿色有机食品要求。

第五节 作物增产的"助推器"——植物修复素

每种生物有机体内都含有遗传物质，使生物特性可以一代一代延续下来的基本单位。如果基因的组合方式发生变化，那么基因控制的生物特性也会随之变化。科学家就是利用了基因这种可以改变和组合特点来进行人为的操纵和修复植物弱点，以便改良农作物体内的不良基因，提高作物的品质与产量。

植物修复素主要成分：B-JTE泵因子、抗病因子、细胞稳定因子、果实膨大因子、钙因子、稀土元素及硒元素等。

作用：具有激活植物细胞，促进分裂与扩大，愈伤植物组织，快速恢复生机。使细胞体积横向膨大，茎节加粗，且有膨果、壮株之功效，诱导和促进芽的分化，促进植物根系和枝干侧芽萌发生长，打破顶端优势，增加花数和优质果数。

能使植物体产生一种特殊气味，抑制病菌发生和蔓延，防病驱虫。促进器官分化和插、栽株生根、使植物体扦插条和切茎愈伤组织分化根和芽，可用于插条砧木和移栽沾根，调节植株花器官分化，可使雌花高达70%以上。平衡酸碱度，将植物营养向果实转移。抑制植物叶、花、果实等器官离层形成，延缓器官脱落、抗早衰，对死苗、烂根、卷叶、黄叶、小叶、花叶、重茬、落铃、落叶、落花、落果、裂果、缩果、果斑等病害症状有明显特效。

功能：打破植物休眠，使沉睡的细胞全部恢复生机，能增强受伤细胞的自愈能力，创伤叶、茎、根迅速恢复生长，使病害、冻害、除草剂中毒等药害及缺素症、厌肥症的植物24小时迅速恢复生机。

提高根部活力，增加植物对盐、碱、贫瘠地的适应性，促进气孔开放，加速供氧、氮和二氧化碳，由原始植物生长元点，逐步激活达到植物生长高端，促成植物体次生代谢。植物体吸收后

8小时内明显降低体内毒素。使用本品无须担心残留超标，是生产绿色有机食品的理想天然矿物物质。

用法：可与一切农用物资混用，并可相互增效1倍。

适用于各种植物，平均增产20%以上，提前上市，保鲜期长，糖度增加2%，口感鲜香，果大色艳，保鲜期长，耐贮运。

育苗期、旺长期、花期、坐果期、膨大期均可使用，效果持久，可达30天以上。

将胶囊旋转打开，将其中粉末倒入水中，每粒对水14～30千克叶面喷施，以早晚20℃左右时喷施效果为好。

特别提示：桃树、枣树、石榴树、瓜类、菌类、草莓每粒对水不能低于30千克。

第六节 有机农作物高产十二平衡

学技术先改变观念，作物高产优质要整合利用12要素。

20世纪60年代，我国确定的是农业八字宪法，即初级认识："土、肥、水、种、密、保、管、工"；90年代我们确立了作物生长12要素，即"土、肥、水、种、菌、密、光、气、温、病、虫、设施"，是追求高产并利用天然资源的认识。2002年又划分为作物生长12平衡，即"土、肥、水、种、密、光、温、气、菌、设施、地下与地上部、营养生长与生殖生长"，系追求无公害绿色食品要求的认识。2007年又重新确定了作物12要素五大措施，即"有机碳素肥+有益菌+植物诱导剂+钾+植物修复素"，是追求低耗能生产有机食品的新要求。其五大措施渗透到12要素中的内涵如下所述。

一、生态环境

根据当地的纬度、气温、光照、土壤质地、大气、水质、材料等，进行整合利用设计标准地方设施。如新绛县科技人员设计的鸟翼形系列生态温室，散光进光量大，升温快，保温好，日照时间长，四角可见光，昼夜温度变化与作物作息要求基本一致。

二、生命土壤

土壤增施有机肥，过黏拌沙，pH值为6.5以下，田间施石灰50～100千克；pH值为8以上亩施石膏粉40～80千克，并根据土壤含矿物营养状况，施用有益微生物与碳素肥去改良。土壤可分为四类处理。

（一）腐败菌型土壤

过去注重施化肥和鸡粪的地块，90%都属腐败型土壤，其土中含镰孢霉腐败菌比例占15%以上。土壤养分失衡恶化，物理性差，易产生蛆虫及病虫害。20世纪90年代至现在，特别是在保护地内这类土壤在增多。处理办法是持续冲施地力旺复合益生菌液等有益生物菌液。

（二）净菌型土壤

有机质粪肥施用量很少，土壤富集抗生素类微生物，如青霉素、木霉素、链霉菌等，粉状菌中镰孢霉病菌只有5%左右。土壤中极少发生虫害，作物很少发生病害，土壤团粒结构较好，透气性差，但作物生长不活跃，产量上不去。20世纪60年代前后多我国这类土壤较为普遍。改良办法：施秸秆、牛粪、地力旺复合益生菌液等。

（三）发酵菌型土壤

乳酸菌、酵母菌等发酵型微生物占优势的土壤，富含曲霉真菌等有益菌，施入新鲜粪肥与地力旺复合益生菌液结合产生酸香味。镰孢霉病菌抑制在5%以下。土壤疏松，无机矿物养分可溶度高，富含氨基酸、糖类、维生素及活性物质，可促进作物生长。

（四）合成菌型土壤

光合细菌、海藻菌以及固氮菌合成型的微生物群占土壤优势位置，再施入海藻、鱼粉、蟹壳等角质产物，与牛粪、秸秆等透气性好，含碳、氢、氧丰富物结合，能增加有益菌即放线菌繁殖数量，占主导地位的有益菌能在土壤中定居，并稳定持续发挥作用，既能防止土壤恶化变异，又能控制作物病虫害，产品优质高产，并属于有机食品。

三、取舍肥料

作物高产优质生长的三大元素是碳（占干物质整体45%）、氢（占45%）、氧（占6%），氮、磷、钾只占2.7%。茄果类、瓜类、豆类、根茎类蔬菜注重牛粪、秸秆投入（每千克可供产瓜果4～7千克）；叶菜类注重施入鸡粪（每千克可供产7～8千克），是合理取舍利用养分资源的关键。100千克45%硫酸钾可供产瓜果9000千克，我国多数地区需补充。

四、营养水分

不要把水分只看成是水或氢二氧，各地的地下水、河水营养成分不同，有些地方的水中含钙、磷丰富，不需要再施这类肥；有些地方的水中含有机质丰富，特别是冲积河水；有些水中含有益菌多，不能死搬硬套不考虑水中营养去施肥。滴灌节水控湿是高产优质的重要措施之一。

五、生命种子

过去很多人把种子的抗病性、抗逆性看得很重，认为是高产优质的先决因素。按有机碳素肥+地力旺复合益生菌液+植物诱导剂+钾+植物修复素有机操作技术，就不要太注重品种的抗病虫害与植物的抗逆性了。应着重考虑选择品种的形状、色泽、大小、口味和当地人的消费习惯，就能高产高效。因为生态环境决定生命种子的抗逆性和长势，这就是技术物资创新引起的种子观念的变化。

六、合理稀植

土壤瘠薄以多栽苗求产量，有机生物技术稀栽植方能高产优质。如过去番茄亩栽4000株左右，现在是100～1800株；黄瓜4500株左右，现在是2800株；茄子是2200株，现在是1500株；薄皮辣椒是5000～6000株，现在是3600株；西葫芦是2200株，现在是1100株，有些更稀，合理稀植产量比过去合理密植高产1～10倍。

七、气体利用

二氧化碳是作物生长的气体面包，增产幅度达80%～100%。过去在硫酸中投碳酸氢铵产生二氧化碳，投一点，增产一点。现在冲入有益菌去分解碳素物，量大浓度高，又能持续供给作物营养，大气中含二氧化碳量330毫克/千克，有益菌也能摄取利用。

八、光能新说

万物生长靠太阳光，阴雨天光合作用弱，作物不生长。现代科学认为此提法不全面。植物沾着植物诱导剂能提高光利用率50%～400%，弱光下也能生长。有益菌可将植物营养调整平衡，连阴天根系不会大萎缩，天晴不闪秧，庄稼不会大减产。

九、作息温度

大多数作物要求光合作用温度为20～32℃（白天），前半夜营养运转温度17～18℃，下半夜植物休息温度10℃左右。唯西葫芦白天要求20～25℃，晚上6～8℃，不按此规律管理，要么产量上不去，要么植株徒长。

十、菌的发掘

　　作物病害由菌引起是肯定的，是菌就会染病是不对的。致病菌是腐败菌，修生菌是有益菌，长期施用有益菌液，即消化菌，可化虫卵。凡是植株病害就是土壤和植物营养不平衡，缺素就染病菌，营养平衡就利于有益菌发生发展。

　　有益菌的八大作用：①平衡作物营养不易染病；②粪肥除臭不易生虫；③分解土壤矿物营养不许再施钙、磷等肥；④吸收空气中氮、二氧化碳，不需再补氮肥；⑤分解秸秆、牛粪、腐植酸等肥中有机碳、氢、氧营养，减少浪费；⑥能使有机肥中的营养以菌丝体形态直接通过根系进入新生植物体，是光合作用利用有机质和积累营养速度的3倍；⑦连阴数日作物根系不会大萎缩死秧；⑧可以化解蔬菜表面上的残毒物和土壤重金属。

十一、调整地上部与地下部

　　过去，苗期切方移位"囤"苗，定植后控制浇水"蹲"苗，促进根系发达。现在苗期叶面喷一次1200～1500倍液的植物诱导剂，地上不徒长，不易染病；定植后按600～800倍液灌根一次，地下部增加根系70%～100%，地上部秧矮促果大。

十二、调节营养生长与生殖生长

　　过去追求根深叶茂好庄稼，现在是矮化栽培产量、质量高。用植物修复素叶面喷洒，每粒对水14～15千克，能打破作物顶端优势，营养往下转移，控制营养生长，促进生殖生长，果实着色一致，口味佳，含糖度提高1.5%～1.8%。

第三章 有机蔬菜优质高效标准化栽培技术规程

第一节 有机番茄优质高效标准化栽培技术规程

一、实现目标和具备条件

（一）茬口安排

一年两茬，第一茬7月中旬育苗播种，8月上旬定植，10月上旬进入始收期，1月上旬拉秧换茬。第二茬，11月下旬育苗播种，1月下旬至2月上旬定植，3月下旬至4月上旬进入始收期，6月中旬拉秧换茬。前、后茬作物都按有机食品的栽培规程进行生产。要同非茄科蔬菜实行轮作。

（二）品种选择

选用优质、高产、抗病、抗虫、抗逆性强、适应性广、耐贮运、商品性好的西红柿品种，基地主栽品种为金棚百兴、抗TY无线、宝石捷1号、色列金石王子、毛粉802、大红齐达利等。抗烟草花叶病毒和叶霉病的番茄品种有中蔬7号、苏保1号、佳粉15、申粉3号等。

（三）目标产量和产量构成参数

每棚产16~25吨，行株距配置为（75厘米+45厘米）×35厘米，亩栽种2300株，每株留7穗果，每穗4~5个果实，单株产量6.5~11千克。

（四）产品标准

果实色泽一致，无虫眼，无脐腐；果实直径5.5厘米、6.5

厘米、7.5厘米、8.5厘米四个等级；果实丰满，符合区域消费品种特性，无季节损伤，无病斑，不空洞；果实切开无明显流水现象。

（五）施肥准则及方案

按照中国式有机农业新绛模式的栽培技术进行生产试验示范，以目标产量为基础，以测土配方为依据，具体方案如下。

（1）底肥：每个蔬菜棚用牛粪20吨，稻壳1吨，硫酸钾25千克，生物益生菌4千克，合计2029千克；

（2）追肥：每个棚追施复合益生菌液20千克，随水滴施2～3千克/次；含量50%的硫酸钾125千克，追肥时一次追施复合益生菌2千克，另一次滴施硫酸钾25千克，交替进行；全期10～12次。

（3）植物诱导素：每棚全期用量150克，每次50克稀释1000倍液灌根或叶面喷施，全期2～3次，合计1.5千克。具体应用方法：取50克原粉，放入瓷盆或塑料盆，用500克开水冲开，放24～60小时，对水30～60千克，灌根或叶面喷施；在西红柿4叶左右时全株喷一次预防病毒病；在定植后按800倍液再喷一次或灌根一次，如果早中期植物有些徒长，节长叶大，可用650倍液再喷一次。

（4）植物修复素：每棚全期用量10粒，亩喷2～3次，在结果期每粒对水10～15千克，叶面喷洒即可，以早晚20℃左右时喷施效果最好。

（六）温度要求

番茄喜温，其最适宜的生长温度为20～25℃，低于15℃时不能开花，或授粉受精不良，导致落花等生理性障碍发生；温度低于10℃，植株停止生长；低于5℃，时间一长会引起低温危害；−2～−1℃时，短时间内可受冻而死亡；温度高于30℃时，其同化作用显著降低；高于35℃时，生殖生长受到干扰和破坏；短时间的40℃高温也会产生生理性干扰，导致落花落果或果实发育不良。

（七）湿度要求

番茄生长发育要求较高的土壤湿度和较低的空气相对湿度。虽然需水量大，但由于根系发达，吸收能力强，地上部茎叶又属半耐旱性作物，不耐涝。要求空气相对湿度仅为40%～50%，土壤湿度在60%～80%。

（八）光照要求

番茄属中光性植物，喜光而耐荫，其光补偿点为2000勒克斯，饱和点为70000勒克斯，光照不足发育不良，落花严重。番茄是短日照植物，但要求不甚严格，其花芽分化期间基本要求短日照，多数品种在11～13小时的日照下开花较早，植株生长健壮，而以16小时的光照下生长最好。

（九）防灾要求

（1）在棚室四周挖一条排水沟，防止雨水较多，把大棚泡塌。

（2）在大棚四周5米之内，严禁堆放柴草等易燃物品，防止火灾。

（3）经常检查压膜绳，保持紧绷的状态，防止大风把棚膜吹起落下，损坏棚膜。

（4）下雪天要及时组织工人不断清理积雪，谨防厚雪压棚。

二、栽培技术操作规程

（一）育苗及苗期管理

1.育苗

（1）种子消毒：将种子放入55℃温水中，不停搅拌，让水温自然冷却后浸泡8～10小时，晾干后备播。

（2）育苗简易流程：装盘→播种→催芽→育苗

（3）壮苗标准：高温季节定植宜选用小苗，苗龄25天左右，株高15~20厘米，下胚轴2~3厘米长；径粗一般在0.4~0.6厘米，节间短，呈紫绿色；叶片4叶1心，根系发达，吸收根多；植株无病虫害，无机械损伤。

低温季节定植宜用大苗移栽，早熟品种60~70天，中晚熟品种70~80天。苗高20~25厘米，茎粗0.5~0.6厘米，具有8~9片真叶。

2.苗期管理

控水防徒长促扎深根，子叶展平时浇第一次水；3叶一心时，在苗床上冲施一次生物菌液亩2千克；5叶一心时，叶面喷洒一次1200~1500倍液的植物诱导剂，即取10克原粉用100克热水化开，放48小时，对水12~14千克，叶面喷洒。防治病毒病及其他真菌、细菌病害，提高光和强度，促进花芽分化。高温干旱期遮阳防晒，阴天揭开见光炼苗。定植前10天移位囤苗，护根提高抗逆性。

（二）定植前的管理及定植

1.幼苗叶面喷施生物菌液

移栽前10天用生物菌液100克对水15千克喷于幼苗，前7天全日揭膜炼苗。以菌克菌，无病定植。

2.整地施肥

结合整地施足底肥。每亩施入牛粪20000千克，稻壳1000千克。底肥撒施后，将土壤深翻25~30厘米，耙平整细，挖定植沟，施入硫酸钾25千克，按要求的密度，确定好行距，起15~20厘米高的畦。

3.夏季高温闷棚

定植前半月，起垄后，全膜覆盖，密闭大棚，高温闷棚7天以上。定植前3~5天，揭膜晾晒。

4.定植

在10厘米土温稳定通过10℃后定植。低温季节晴天定植，高温季节阴天或傍晚定植。

定植时，适当深栽（12厘米），高脚苗可用U型栽培法。栽完后用800倍液的植物诱导剂灌根茎部，每亩用药液40千克，即原粉50克，对水40千克，可有效增加根系，提高光和强度，增强植株抗冻、抗寒、抗热的能力，灌根之后1小时浇定根水。2天后浇一遍缓苗水，随水滴施复合益生菌液2千克，促使幼苗毛细根生长。

5.栽培密度

根据品种特性、整枝方式、气候条件及栽培习惯确定栽培密度。株距35厘米，大行距80厘米，小行距40厘米，亩栽2300株。

（三）缓苗期管理

定植7天之内，管理的重点是改善土壤透气条件，减少叶面蒸腾量，调节好温度，尤其要调地温，以促进加快生根缓苗。

1.越冬茬和冬春茬番茄缓苗期管理

管理上从提高温室温度，防寒为重点。定植后随即进行一遍中耕松土后，覆盖地膜。把温室温度调节为昼温25～30℃，夜温15～17℃，10厘米夜温16～20℃。

2.秋冬茬和越夏茬番茄缓苗期的管理

管理的重点是遮阳降温，减少叶面蒸腾量，松土通气，以利根呼吸和发生新根。定植后不盖地膜，在第2～3天及时中耕松土，盖上遮阳网，昼夜通风。

（四）缓苗后至第一花序果实膨大期管理

管理的主攻方向是：蹲苗，防徒长，促进营养生长和生殖生长协调稳健。

1.植株调整

（1）整枝：番茄一般采用单干整枝的方式。具体方法是：除掉主茎分杈下的所有侧枝，保留一个中心杆，番茄的分枝性很强，要定期进行单干整枝只留主茎，把所有侧枝都除掉；剪枝要在晴天上午进行。

（2）吊蔓、缠蔓：为防止倒伏，在植株30厘米以上时，及时用尼龙绳吊蔓。以后及时将植株的顶部缠绕在吊绳上。

（3）打杈：侧枝长达6～8厘米时，选晴天掰去侧枝，尽量避免接触主干。生长势弱的可在开花后打杈，生长势过旺的要及时打杈。

（4）保花保果：在番茄花有部分开放，多数为花蕾期时，按300倍液复合益生菌液，在花序上喷一下，使花蕾柱头伸长伸出，因柱头四周紧靠花粉囊，只要柱头伸长，即可授粉坐果。也可使用手持式振荡器在晴天上午对已开放的花朵进行振荡。无公害食品严禁使用激素处理花朵。花期空气相对湿度保持在45%～75%。增加光照，调整增长平衡。

2.温度、湿度调节

（1）秋冬茬、越冬茬、冬春茬番茄：主要是通过揭盖棉被的时间和放风等措施来调节棚内温度和空气湿度，使棚室内保持昼温20～25℃，夜温12～15℃；白天空气湿度50%～60%，最大不超过75%，夜间空气湿度80%～85%，最大不超过85%。

（2）越夏茬番茄：通过覆盖遮阳网和昼夜大通风的措施，控制在昼温25～30℃，夜温17～20℃；白天空气湿度不超过65%。

3.水肥管理

自缓苗后至第一花序的果实未达到核桃大小时这一生育阶段，在水肥供应上掌握"控"字，一般情况下不宜浇水，也不追肥，控制营养生长过旺。当番茄主茎第一花序坐住的果实达到核桃大小时，开始第一次浇水施肥，亩用硫酸钾25千克随水滴施，促进果实膨大。30℃以上，20℃以下不浇水，高温时以早晚浇水为好。

4.控秧防徒长

用植物诱导剂800倍液或植物修复素（每粒对水14千克）

控制秧蔓生长，叶面喷洒，使茎秆间距保持在10～14厘米。植物诱导剂用法：取50克原粉，用500克开水冲开，放24～56个小时，对水50千克，在室温达20～25℃时叶面喷洒，不仅控秧徒长，还可防止病毒、真菌、细菌病为害，提高叶面光合强度50%～400%，增加根系数目70%以上。

（五）结果期的管理

1.温度要求

控制在昼温20～30℃（以23～27℃最适宜），20℃以下不通风；前半夜温17～18℃，盖棉被后20分钟测试温度，低于此温度早放棉被，高于此温度晚放棉被；后半夜9～11℃，过高通风降温，过低保护温度；昼夜温差18～20℃，利于积累营养，产量高，果实丰满。谨防温度高于35℃和低于8℃。增温的主要措施是：

（1）适时揭棉被争光增温。

（2）夜晚加盖复膜。

（3）放上风，不放下风，减少通风时间。

（4）浇水用温水。

2.湿度要求

（1）浇水时掌握"五不浇五浇"，即阴天不浇水，晴天浇水；下午不浇水，上午浇水；不浇冷水，浇温水；不浇明水，膜下浇暗水；不浇大水，要轻浇。

（2）浇水后注意放风排湿。

（3）当棚内空气湿度大时，防治病虫害最好选用烟剂，以减少因喷雾而增加棚内湿度。

3.光照要求

（1）对秋冬茬番茄和越冬茬番茄来说，在结果期阶段，要加强光照管理，尽可能延长光照时间；可张挂反光幕和把后墙涂成白色，增加反射光照。

（2）对于越夏茬和冬春茬，要注意适当遮光，因为番茄忌强光，既要整枝除去老叶，改善透光条件，又要覆盖遮阳网，防止强光暴晒嫩果。

4.疏果

为确保果大质优、均匀一致以及根据包装类型，每穗果都保留5～6个，其余畸形、多余的和小花果都及时剪掉，使之有效利用养分。

5.摘心打顶

根据留果穗数，穗数达到后，最上一穗果上留2片叶后掐心。打顶要分次打顶，使植株高低一致，去芽不过寸。

6.除老叶

第一穗果绿熟期后，摘除其下全部叶片，及时摘除枯黄有病斑的叶子和老叶。果实一般是从靠近根部处往上逐渐成熟，所以在采收果实之前进行剪叶工作。把从底部到第一个成熟果实以上2～3个果穗之间的叶子全部剪掉，这样不仅易于采摘，也减少了养分损失，增加空气流通，也方便以后的整枝、打杈工作。

7.水肥管理

采用膜下滴灌或暗灌。进入结果期，要保持土壤湿润状态，土壤含水量达到80%，低温季节10天左右浇一次水。灌水要均匀，避免忽干忽湿。要在晴天上午浇水，浇水后要加大通风量。空气相对湿度控制在45%～65%。结合浇水结果期每次冲入复合益生菌液2千克，共用25千克；冲两次生物菌中间施一次生物钾15～20千克，共施含钾50%硫酸钾100千克。钾肥和生物菌液交替冲入。

8.除草

由于有机农业生产完全禁止使用传统的除草剂，所以主要采用手工方式进行除草。而在温室中使用滴灌系统，大大减少了杂草的滋长。滴灌不仅可以减少水分和营养的损耗，另一个优势就是在滴灌过程中，从管路中流出的水分主要集中在西红柿根系周围很小的部位，所以其他地方都保持干燥或只有很少的水分，这样就大大抑制了杂草的丛生。工人在整枝打杈时就可以用手除掉西红柿植株周围的杂草。

9.落蔓

当生长点长到2米左右时，及时落蔓，将蔓顺畦南北摆放。

10.病虫害的防治

主要病虫害：灰霉病、青枯病；蚜虫、白粉虱。

（1）虫害防治：①常用复合益生菌液，害虫沾着生物菌自身不能产生脱壳素会窒息死亡，并能解臭化卵。②用叶面喷洒植物修复素愈合伤口。③田间施含硅肥避虫，如稻壳灰等。④大棚放风口、门口等处，加装防虫网。⑤运用黄板诱杀蚜虫、白粉虱等害虫。行间或株间，高出植株顶部，每亩30~40块，当板上粘满虫体时，再换一次粘虫板，一般7~10天1次。⑥用麦麸2.5千克，炒香，拌敌百虫、醋、糖各500克，傍晚分几堆，下填塑料膜，放在田间地头诱杀地下害虫。

（2）病害防治：亩施复合益生菌液2千克，进行叶面喷雾，防治各种病害的发生。用EM益生菌原液随水冲施或灌根，预防根部病害。

（六）成熟期的管理

1.保果防裂

高温期（高于35℃），或低温期（低于5℃）钙素移动性很差，易出现大脐果。防止办法：叶面喷复合益生菌液300倍液加植物修复素（每粒对水15千克）修复果面，或食母生片每15千克水放30粒，平衡植物体营养，供给钙素或过磷酸钙（含钙40%）泡米醋300倍浸出液，叶面喷洒补钙。

2.采收

（1）及时分批采收，减轻植株负担，以确保商品果品质，促进后期果实膨大。

（2）采收过程中所用的工具要清洁、卫生、无污染。

（3）采收时要将所收蔬菜的地块编号、管理人员姓名、采摘数量登记备案，以此来编制产品的批次号。

三、大棚拉秧后的管理

（1）清洁田园：在西红柿收获完毕，拉秧后及时清园，彻底清除残枝、落叶、较大根系和杂草，保持田间清洁；集中进行无害化处理，防止附在残枝茎叶上的病菌散落温室内。

（2）拉秧后，土地休整时对土壤进行深翻，破坏病菌的生存环境；夏季最高温度可达45℃以上，在施用有机基质肥调节土壤营养的同时，对土壤进行两个月的强烈阳光暴晒，可以杀死大量病菌。

（3）用清水冲洗遮阳网和防虫网。

（4）大棚检修：对后坡墙体、钢架、卷帘机等及时进行保养和维修。

（5）制定下一茬的生产计划和物资准备。

第二节　有机黄瓜优质高效标准化栽培技术规程

一、实现目标和具备条件

（一）茬口安排

一年两茬，第一茬8月中旬播种育苗，9月中旬嫁接，9月下旬定植，10月中旬进入始收期，1月上旬至1月下旬拉秧换茬。第二茬12月下旬播种育苗，2月上旬定植，4月中旬进入始收期，6月中旬拉秧换茬。

（二）品种选择

一般情况，应因各栽培茬次所处的温度、光照等自然条件，选用相应的优良品种；在一个区域就地生产销售，主要考虑选地方市场习惯消费的，长形、大小、色泽、口感为准。抗霜霉病、白粉病、枯萎病、疫病的黄瓜品种有津杂2号、津杂4号、中农5号、中农7号、中农1101、龙杂黄3号、鲁黄瓜4号、夏青4号。

（三）目标产量和产量构成参数

黄瓜亩棚产20～25吨，行株距配置为（70厘米+50厘米）×25～30厘米，每棚栽种2800～3300株，每株产8千克。

（四）产品标准

果实符合区域销售品种特性，瓜条直，弯曲度不超过1.5厘米，色泽油亮一致；瓜长18～20厘米，21～24厘米两个等级，直径3.5～4厘米；无虫伤，无季节损伤，无病斑，采收期不要过早和过晚；有刺黄瓜刺损伤不大于5%。

（五）施肥准则及方案

按照中国式有机农业新绛模式的栽培技术进行生产试验示范，以目标产量为基础，以测土配方为依据，具体方案如下。

（1）底肥：每个蔬菜棚用牛粪20吨，硫酸钾25千克，生物益生菌4千克，合计2029千克。

（2）追肥：每亩棚追施复合益生菌液20千克，随水滴施2～3千克/次；含量50%的硫酸钾125千克，追肥时一次追施复合益生菌2千克，另一次滴施硫酸钾25千克，交替进行；全期10～12次。

（3）植物诱导素：每棚全期用量150克，每次50克稀释1000倍液灌根或叶面喷施，全期2～3次，合计1.5千克。具体应用方法：取50克原粉，放入瓷盆或塑料盆，用500克开水冲开，放24～60小时，对水30～60千克，灌根或叶面喷施；在黄瓜4叶左右时全株喷一次预防病毒病；在定植后按800倍液再喷一次或灌根一次，如果早中期植物有些徒长，节长叶大，可用650倍液再喷一次。

（4）植物修复素：每棚全期用量10粒，亩喷2～3次，在结果期每粒对水10～15千克，叶面喷洒即可，以早晚20℃左右时喷施效果最好。

（六）温度要求

黄瓜属于喜温性的蔬菜。更适宜在昼夜变温环境中生长。生长适温18～30℃，最适温度为25℃。低于12℃生理活动失调，生长缓慢，5℃以下停止生长，0℃就会受冻。黄瓜一般光合作用的适温25～32℃。

（七）湿度要求

黄瓜喜温、怕涝、不耐旱。黄瓜要求的土壤水分为田间最大持水量的70%～90%。空气湿度白天80%，夜间90%。空气湿度过高，对黄瓜发育不利。黄瓜不同的生长发育阶段对水分的要求有所不同。发芽期，种子要吸足水分使贮藏物质水解，以利迅速发芽。幼苗期适当供水，不可过湿。初花期要控制浇水，以调整营养生长和生殖生长的平衡。结瓜期需水量增加，需及时供水。

（八）光照要求

黄瓜喜光、耐弱光、短日照。它的光饱和点为5.5万～6万勒克斯，光补偿点为0.15万勒克斯。

（九）防灾要求

（1）在棚室四周挖一条排水沟，防止雨水较多把大棚泡塌。

（2）在大棚四周5米之内，严禁堆放柴草等易燃物品，防止火灾。

（3）经常检查压膜绳，保持紧绷的状态，防止大风把棚膜吹起落下，损坏棚膜。

（4）下雪天要及时组织工人不断清理积雪，谨防厚雪压棚。

二、栽培技术操作规程

（一）育苗及苗期管理

1.育苗

（1）种子消毒：将种子放入55℃温水中，不停搅拌，让水温自然冷却后浸泡8～10小时，晾干后备播。

（2）育苗简易流程：装盘→播种→催芽→育苗。

（3）壮苗标准：高温季节定植时宜选用小苗，苗龄25天左右，株高20厘米，径粗一般在0.7～0.8厘米，节间短，呈紫绿色；叶片4～5叶1心，根系发达，吸收根多；植株无病虫害，无机械损伤。

低温季节定植宜用大苗移栽，早熟品种60～70天，中晚熟品种70～80天。苗高20～25厘米，茎粗0.5～0.6厘米，具有8～9片真叶。

2.苗期管理

控水防徒长促扎深根，子叶展平时浇第一次水；3叶一心时，在苗床上冲施一次生物菌液亩2千克；4叶一心时，叶面喷洒一次1200～1500倍液的植物诱导剂，即取10克原粉用100克热水化开，放48小时，对水12～14千克，叶面喷洒。防治病毒病及其他真菌、细菌病害，提高光和强度，促进花芽分化。高温干旱期遮阳防晒，阴天揭开见光炼苗。

（二）定植前的准备

1.清洁棚田，高温闷棚

前茬作物拉秧倒茬后，立即清洁棚田；将棚室内的残枝败叶和烂根等物清除干净后，严闭棚室，连续高温闷棚3～5天。

2.整地施肥

结合整地施足底肥。每亩施入牛粪13000千克，稻壳1000千克。底肥撒施后，将土壤深翻25～30厘米，耙平整细，挖定植沟，施入硫酸钾25千克，按要求的密度，确定好行距，起15～20

厘米高的畦。

（三）起垄定植，地膜覆盖

定植时一定要选择连续晴天（注意收看天气预报）的上午进行。具体做法如下。

（1）画线：用木杆宽窄行交替画线。宽行80～100厘米，窄行50厘米。从北到南进行画线。

（2）开沟：用镢头顺着画出的线从北到南开沟，宽10厘米，深5厘米。

（3）浇水：每个开好的沟中要顺沟倒水浇满为准，每棵瓜苗平均要达1.5～2千克水。

（4）摆苗：株距平均为30厘米，靠前部25厘米，中部30厘米，后部35厘米，以使在后部光照较弱区，植株也能得到较多的光照。

（5）起垄：用刮板在窄行中封沟培垄，宽行中间稍刮土整理，一般垄高15厘米。

（6）盖膜：用90～100厘米的地膜覆盖窄行的垄面，由北到南，留出两头封闭膜。

（7）引苗：在有苗的地方先用刮须刀片割开"＋"字形的2寸小口，然后把苗引出膜面，最后再用细土把孔口堵严，以防漏气跑温。

（8）整垄：两个人在两头拉紧绷展地膜，四周埋入土中，压严拍实。

（四）定植后按各生育阶段的生长发育特点加强管理

1.缓苗期管理

从定植至定植后长出一片新叶时为缓苗期，一般需10天左右。此期管理的主攻方向是：防萎蔫、促伤口愈合和发生新根。在管理上掌握，高温促生根，遮阳防萎蔫；不浇水、不追肥、3天之内不通风散湿。

2.缓苗后至坐瓜初期的管理

此期是指定植后植株长出一片新叶时至多数植株的第一个雌花开放或坐瓜，一般经历30～35天。管理的主攻方向是：蹲苗，防徒长，促进营养生长和生殖生长协调稳健。

（1）中耕松土：缓苗后应在宽行及时进行中耕。以利增温、通气、促进根系发育。中耕的方法由深到浅，由近到远，由细到粗中耕3次。

（2）植株调整：①整枝：一般采用单干整枝的方式。具体方法是：除掉主茎分杈下的所有侧枝，保留一个中心杆。②吊蔓、缠蔓：为防止倒伏，在植株30厘米以上时，及时用尼龙绳吊蔓。以后及时将植株的顶部缠绕在吊绳上。③打杈：侧枝长达6～8厘米时，选晴天掰去侧枝，尽量避免接触主干。生长势弱的可在开花后打杈；生长势过旺的要及时打杈。④保花保果：在黄瓜雌花蕾开放时，按700倍液复合益生菌液或硫酸锌，在雌花上喷一下，使黄瓜伸长垂直，因不授粉也能长瓜，且无籽，在管理上将雄花及早摘掉，为减少营养浪费，将卷须也摘掉，增施碳钾肥，用复合益生菌液分解供应。

（3）温度、湿度调节：主要是通过揭盖棉被的时间和放风等措施来调节棚内温度和空气湿度；使棚室内保持昼温24～28℃，夜温14～18℃；空气湿度70%～80%，最大不超过85%。

（4）水肥管理：在水肥供应上掌握"控"字，一般情况下不宜浇水，也不追肥，控制营养生长过旺，控秧促根。

（5）控秧防徒长：用植物诱导剂800倍液或植物修复素（每粒对水14千克）控制秧蔓生长，叶面喷洒，使茎秆间距保持在10～14厘米。植物诱导剂用法：取50克原粉，用500克开水冲开，放24～56个小时，对水50千克，在室温达20～25℃时叶面喷洒，不仅控秧徒长，还可防止病毒、真菌、细菌病为害，提高叶面光合强度50%～400%，增加根系数目70%以上。

（五）结瓜期的前期、中期管理

1.温度管理

秋冬茬的管理11～12月份，外界气温最低，室内温度应严格管理。白天尽量最大努力采光储热，晚上采取一切措施防寒保温。这期间一般不通风，即使白天光照好，温度暂时升至32℃时也不急于通风降温，若温度继续升高，可从顶部稍开缝隙通风降温，使室内温度保持在30℃左右。白天温度略高，室内相对贮存的热能多，晚上保持16～20℃的时间可能长，即使如此，早晨的温度仍是10～12℃，低于其他季节室内的温度，这样自然形成高、中、低的三阶段温度变化，即所谓的变温管理。如果遇到阴雪天气，白天应尽量增温，晚上最低温度不低于8℃为好。

2.光照管理

日光温室越冬茬黄瓜在栽培中影响最大的是光照，在连阴6～7天，即使采取加温也难以维护正常生长结瓜。因此，在揭、放棉被上要尽量多争取光照，切不可只强调保温"闷棚"数日。除雪天不揭棉被外，雪后及时扫雪掀被，阴天也应揭被，充分利用散射光。另外，棚膜的透明状况也影响太阳光线的透过，必然也影响棚内温度上升。因此，在生产过程中应经常擦洗棚膜上的灰尘，以便让更多的光线进入棚内。

3.水肥管理

在第一次摘瓜之后，亩冲施矿物硫酸钾肥25千克，7～10天后浇第二水随水冲施复合益生菌液2千克，每15天左右追肥一次，钾肥和生物菌液交替冲入。

（六）结瓜后期管理

1.疏叶落蔓

基施碳素肥充足，一茬亩目标产量在2万～3万千克，可留12～14片生长点以下功能叶，即1.3～1.5米长蔓，每株大小可留果7～8个，有刺果（每瓜在120～250克），每穗留4～5果，无刺瓜品种（每瓜80~150克），可12~16个瓜。亩栽3800株左右，适当多留1~2瓜。否则，少留果，有效商品瓜多而丰满，并在结果期注重施矿物硫酸钾和复合益生菌液促瓜。

2.整枝留回头瓜

一般植株生长到1.7~1.8米，将下部叶摘掉，将中蔓茎盘成圈，可留少量腋芽，长出回头瓜，比例控制在20%左右。

3.温度管理

白天室温控制在20~32℃，20℃以下不通风；前半夜17~18℃；后半夜9~11℃，过高通风降温，过低保护温度；昼夜温差18~20℃，利于积累营养，产量高，果实丰满。

4.追肥管理

亩冲施矿物硫酸钾肥25千克或施牛粪2000~4000千克，复合益生菌液2千克，50%天然硫酸钾25千克。钾肥和生物菌液交替冲入。

5.保果弯化瓜

高温期（高于35℃），或低温期（低于10℃）钙素移动性很差，易出现弯瓜，如果在此时用复合益生菌液500倍液在瓜弯凹处一抹，2~3天即可变直，也可套袋管理，长出的黄瓜大小一致。叶面喷复合益生菌液300倍液加植物修复素（每粒对水15千克）修复黄瓜，或食母生片每15千克水放30粒，平衡植物体营养，供给钙素或用过磷酸钙（含钙40%）泡米醋300倍浸出液，叶面喷洒补钙。

6.徒长秧处理

叶面喷1000倍液的植物诱导剂控制秧蔓生长，即取50克原粉，用500克开水冲开，放24~56小时，对水50千克，在室温达20~25℃时叶面喷洒，不仅控秧徒长，还可防止病毒、真菌、细菌病为害，提高叶面光合强度50%~400%，增加根系数目70%以上。

7.僵秧处理

土壤内肥料充足，在杂菌的作用下，只能利用20%～24%，黄瓜叶小、上卷，看上去僵硬，生长不良。

处理办法：在碳素有机充足的情况下，定植后第一次施复合益生菌液2千克，以后每次1千克，可从空气中吸收氮和二氧化碳，分解有机肥中的其他元素，每隔一次施入50%的天然硫酸钾25千克，就能改变现状，取得高产优质黄瓜。

浇施复合益生菌液黄瓜毛细根生长快，土壤浓度大于8000毫克/千克，温度高于37℃土壤中杂菌多，根系生长慢，亩冲施复合益生菌液2千克，第二天就会长出粗壮的毛细根，植株会挺拔生长。

8.虫害防治

①常用复合益生菌液，害虫沾着生物菌自身不能产生脱壳素会窒息死亡，并能解臭化卵。②用叶面喷洒植物修复素愈合伤口。③田间施含硅肥避虫，如稻壳灰、赛众牌土壤调理剂等。④室内挂黄板诱杀，棚南设防虫网。⑤用麦麸2.5千克，炒香，拌敌百虫、醋、糖各500克，傍晚分几堆，置于塑料膜上，放在田间地头诱杀地下害虫。

9.死秧防治

①营养土中用复合益生菌液浇灌除氨气。②育苗钵不用化学肥料和鸡粪。③发现此病，亩施复合益生菌液2千克。

10.采收

（1）及时分批采收，减轻植株负担，以确保商品果品质，促进后期果实膨大。

（2）采收过程中所用的工具要清洁、卫生、无污染。

（3）采收时要将所收蔬菜的地块编号、管理人员姓名、采摘数量登记备案，以此来编制产品的批次号。

（七）病虫害防治

1.细菌性角斑病

叶片水浸状软腐，用硫酸铜配碳酸氢铵300倍液，叶面喷洒；霜霉病用复合益生菌液300倍液配0.7克植物修复素预防，同时在管理上注意以下七条措施：①幼苗期叶面喷1200倍液的植物诱导剂，增强植物抗热性和根抗病毒病。②定植的亩冲施复合益生菌液2千克，平衡营养，化虫。③注重施秸秆、牛粪，不施氮磷化肥。④叶面喷植物修复素或田间施赛众牌土壤调理剂，或稻壳肥，利用其中硅元素避虫。⑤选用耐低温弱光、耐热耐肥抗病品种。⑥挂黄板诱杀虫和防虫网。⑦遮阳降温防干旱。

2.防治根结线虫

用复合益生菌液（内含益生菌每克20亿，同时含专杀根结线虫的淡紫青霉素每克20亿）防治根结线虫情况是：定植前土壤喷入复合益生菌液5千克对水50千克，根结线虫减退60.7%，防效达66.8%；定植时用复合益生菌液0.2千克对水5千克沾根，根结线虫减退78.2%，防效达84.5%；定植后亩施复合益生菌液5千克，对水50千克，茎叶上喷入，根结线虫减退89.9%，防效达93.9%。试验证明对黄瓜、番茄生长安全，无不良影响。另外，根结线虫为害严重的温室，施玉米粉20千克、麦麸10千克、谷糠30千克，混合后用复合益生菌液或酵素菌有益微生物发酵的有机肥一次，主要是化解虫卵，效果也佳。

三、大棚拉秧后的管理

（1）清洁田园：在黄瓜收获完毕，拉秧后及时清园，彻底清除残枝、落叶、较大根系和杂草，保持田间清洁；集中进行无害化处理，防止附在残枝茎叶上的病菌散落温室内。

（2）拉秧后，土地休整时对土壤进行深翻，破坏病菌的生存环境；夏季最高温度可达45℃以上，在施用有机基质肥调节土壤营养的同时，对土壤进行两个月的强烈阳光暴晒，可以杀死大量病菌。

（3）用清水冲洗遮阳网和防虫网。

（4）大棚检修：对后坡墙体、钢架、卷帘机等及时进行保养和维修。

（5）制定下一茬的生产计划和物资准备。

第三节　有机西葫芦优质高效标准化栽培技术规程

一、实现目标和具备条件

（一）茬口安排

一年两茬，秋冬茬（秋延迟）：8月上旬育苗，8月底9月初定植，12月底结束；冬春茬（早春茬）：1月上旬育苗，2月上旬定植，5月收获结束；前、后茬作物都按有机食品的栽培规程进行生产。

（二）品种选择

应选择耐低温、弱光、早熟、抗病、丰产性强的品种。秋冬茬选择耐高温抗病毒品种；冬春茬选择耐低温弱光品种。

（三）目标产量和产量构成参数

西葫芦每棚产20吨，行株距配置为（65厘米+45厘米）×65厘米，亩栽种1200株，每株产17千克。

（四）产品标准

无创伤，无虫眼，皮色绿亮，果长25～30厘米，留花，直径5～7厘米，单果重300～350克。

（五）施肥准则及方案

按照中国式有机农业新绛模式的栽培技术进行生产试验示范，以目标产量为基础，以测土配方为依据，具体方案如下。

（1）底肥：每个蔬菜棚用牛粪20吨，稻壳1吨，硫酸钾25千克，生物益生菌4千克，合计2029千克。

（2）追肥：每个棚追施复合益生菌液20千克，随水滴施2～3千克/次；含量50%的硫酸钾125千克，追肥时一次追施复合益生菌2千克，另一次滴施硫酸钾25千克，交替进行；全期10～12次。

（3）植物诱导素：每棚全期用量150克，每次50克稀释1000倍液灌根或叶面喷施，全期2～3次，合计1.5千克。具体应用方法：取50克原粉，放入瓷盆或塑料盆，用500克开水冲开，放24～60小时，对水30～60千克，灌根或叶面喷施；在西葫芦4叶左右时全株喷一次预防病毒病；在定植后按800倍液再喷一次或灌根一次，如果早中期植物有些徒长，节长叶大，可用650倍液再喷一次。

（4）植物修复素：每棚全期用量10粒，亩喷2～3次，在结果期每粒对水10～15千克，叶面喷洒即可，以早晚20℃左右时喷施效果最好。

（六）温度要求

发芽最适温为25～30℃。植株生长不能低于12℃。开花结果要求在15℃以上，果实发育最适温度为22～23℃。西葫芦对温度适应力强，受精果实在8～10℃的夜温下也能长成较大瓜。

（七）湿度要求

西葫芦有较强大的根系，具有较强的吸水力和抗旱力，对空气湿度要求不严。

（八）光照要求

西葫芦对光照要求比较严格，但其适应能力也很强，既喜光，又较耐弱光，光照充足，花芽分化充实，果实发育良好。进入结果期后需较强光照，短日照有利于雌花的发生。雌花受粉后若遇弱光，易引起化瓜。

（九）防灾要求

（1）在棚室四周挖一条排水沟，防止雨水较多把大棚泡塌。

（2）在大棚四周5米之内，严禁堆放柴草等易燃物品，防止火灾。

（3）经常检查压膜绳，保持紧绷的状态，防止大风把棚膜吹起落下，损坏棚膜。

（4）下雪天要及时组织工人不断清理积雪，谨防厚雪压棚。

二、栽培技术操作规程

（一）育苗及苗期管理

（1）种子消毒与催芽：播种前要选籽粒饱满、不带病毒的种子，同时要进行种子消毒。用55℃水浸泡15分钟，再用20～30℃水浸泡4小时左右，把种皮处黏液搓洗干净，晾干种皮后用湿布包好，放在25～30℃条件下催芽，芽长2～4毫米时（3～5天）播种。

（2）育苗简易流程：装盘→播种→催芽→育苗。

（3）苗期管理：播后至出苗气温控制在25～30℃，地温保持在15℃以上，5～6天即可齐苗。出苗后适当降温通风，白天气温20～25℃，夜间10～15℃，防止徒长。定植前一周要低温炼苗，白天16～20℃，夜间8～10℃。幼苗期应适当控制浇水，若干旱，可在晴天上午适量浇水，同时加强通风排湿。

（4）壮苗标准：苗龄30天左右，株高15～20厘米，茎粗色绿，节间短，叶片大而绿，4叶一心，根系发达，无病虫害和机械损伤。

（二）定植前的管理及定植

1.幼苗叶面喷施生物菌液

移栽前10天用生物菌液100克对水15千克喷于幼苗，以菌克菌，无病定植。

2.整地施肥

结合整地施足底肥。每亩施入牛粪20000千克，稻壳1000千克。底肥撒施后，将土壤深翻25～30厘米，耙平整细，挖定植沟，施入硫酸钾25千克，按要求的密度，确定好行距，起15～20厘米高的畦。

3.夏季高温闷棚

定植前半月，起垄后，全膜覆盖，密闭大棚，高温闷棚7天以上。定植前3～5天，揭膜晾晒。

4.定植

定植时，选择能有几个连续晴天时定植。一般每亩栽苗1000株左右。培少量土稳苗后在定植沟灌足水，水渗后再覆土封住苗坨。最后在小行间的两垄上盖地膜，开纵口把苗小心引出膜外，再封严定植孔周围。栽完后用800倍液的植物诱导剂灌根茎部，每亩用药液40千克，即原粉50克，对水40千克，可有效增加根系，提高光和强度，增强植株抗冻、抗寒、抗热的能力，灌根之后1小时浇定根水。2天后浇一遍缓苗水，随水滴施复合益生菌液2千克，促使幼苗毛细根生长。

（三）缓苗期管理

在缓苗期要提高棚室内温度，利于缓苗；白天保持25～30℃，不超过30℃，不放风；夜间保持15～20℃，经过4～5天缓苗后，植株转入正常生长发育期。

（四）缓苗后和持续结瓜期的管理

1.温度管理

定植后保持高温高湿，一般不放风或少放风。白天温度保持在25～30℃，夜间10～15℃。缓苗后要适当放风降温，白天保持20～25℃，夜间最低温度8～10℃。这样可防秧徒长，促进雌花提早开放。

根瓜开始膨大时，适当提高温度，促进根瓜生长。白天

22～25℃，夜间最低温11～13℃。阴天要注意揭帘见光，尽可能争取见光时间。

2.肥水管理

根瓜采收结束，第二瓜开始膨大时追第二次肥，亩冲施50%天然矿物硫酸钾肥25千克或复合益生菌液2千克。钾肥和生物菌液交替冲入。以后每采收一次瓜追一次肥，生育期共追肥4～5次。追肥数量依植株生长情况而定。浇水以保持土壤湿润为宜，同时防止空气湿度过大。管理上前期控水、控温，控秧促根，结瓜期控蔓促瓜，用植物诱导剂800倍液或植物修复素，每粒对水14千克，叶面喷洒，使茎秆间距保持在10～14厘米。

3.植株调整

西葫芦在温室条件下能够生长正常，由于其生育期长，为了避免遮光，可进行吊蔓，让其直立生长。发生侧枝要及时摘除。同时要进行疏瓜，去掉生长势弱的瓜纽。

4.喷花保果

在雌花蕾开放时，按300倍液复合益生菌液，在雌花上喷一下，使瓜伸长垂直，将卷须也摘掉，增施碳钾肥，用生物菌分解供应。在苗期用过植物诱导剂者，根系发达，叶面光合强度大，植株不徒长。

5.瓜秧调整

适时摘除老叶。一株西葫芦一般只能保留12～15片叶为宜，对于基部多余的老叶应及时掰掉。掰叶要从叶柄基部掰除，不要采用剪刀剪叶，以免传染病害。掰叶要在晴天上午10时至下午15时进行，以利伤口愈合，掰叶要勤掰、少掰，一般7～10天一次，每次每株掰除1～3片叶。掰除后立即喷药保护，防止伤口感染病菌，引起溃烂、死秧。

6.打杈、摘除卷须和雄花

西葫芦茎蔓易发分杈、卷须和雄花，卷须和雄花一般不必摘除，若摘除要在刚刚显露时、晴天上午进行，以免造成伤口过多和感染病害。西葫芦杈子，一般情况下，应该在刚刚显时抹除，以免消耗营养。但是，如果主蔓雌花数量较少，可在瓜杈上雌花刚刚显露时，雌花以上留1片叶摘心，让其结瓜，提高产量。

7.合理疏除多余雌花

过多的雌花必须及早疏除，以便减少营养竞争、促进坐瓜。疏除雌花要在它刚刚显露时疏之。疏除雌花数量的多少，应依据瓜秧长势而定。长势弱者，应先疏除根瓜，以后再每三节左右留一雌花，瓜秧长势壮者也必须疏之。可留下根瓜，但应及早采收，以后每两节左右留一雌花。并应根据瓜秧长势、结瓜情况及时调整留瓜多少，尽力减少不必要的营养消耗，维持瓜秧健壮的生长势力，做到留一瓜成一瓜。

8.吊秧、落秧

随着瓜秧的生长，茎蔓越来越长，应注意吊秧，室内南北向拉铁丝，铁丝上系缚吊瓜线，然后把瓜秧缠缚于吊瓜线上，支撑瓜秧。瓜秧长高后还应注意落秧，以防瓜秧过高，恶化室内光照条件。

9.保果弯化瓜

高温期（高于35℃），或低温期（低于10℃）钙素移动性很差，易出现弯瓜，如果在此时用复合益生菌液500倍液在瓜弯凹处一抹，2～3天即可变直，也可套袋管理，长出的瓜大小一致。叶面喷复合益生菌液300倍液加植物修复素（每粒对水15千克）修复瓜，或食母生片每15千克水放30粒，平衡植物体营养，供给钙素或用过磷酸钙（含钙40%）泡米醋300倍浸出液，叶面喷洒补钙。

10.采收

西葫芦是以嫩瓜为食，特别是第一条瓜应适当早采，否则将影响第二条瓜的正常生长发育。一般在花谢后7～10天即可采收。采收最好在早晨揭棉被后进行，可保证其品质鲜嫩。

三、大棚拉秧后的管理

（1）清洁田园：在西葫芦收获完毕，拉秧后及时清园，彻底清除残枝、落叶、较大根系和杂草，保持田间清洁；集中进行无害化处理，防止附在残枝茎叶上的病菌散落温室内。

（2）拉秧后，土地休整时对土壤进行深翻，破坏病菌的生存环境；夏季最高温度可达45℃以上，在施用有机基质肥调节土壤营养的同时，对土壤进行两个月的强烈阳光暴晒，可以杀死大量病菌。

（3）用清水冲洗遮阳网和防虫网。

（4）大棚检修：对后坡墙体、钢架、卷帘机等及时进行保养和维修。

（5）制定下一茬的生产计划和物资准备。

第四节　有机茄子优质高效标准化栽培技术规程

一、实现目标和具备条件

（一）茬口安排

秋冬茬：多在7月中、下旬育苗，8月下旬至9月上旬定植，日历苗龄35～40天，收获期始期在11月上旬，拉秧期在1月中、下旬。

越冬茬：多在8月下旬至9月上旬育苗，10月上、中旬定植，日历苗龄50～55天，12月上、中旬始收，6月下旬拉秧。前、后茬作物都按有机食品的栽培规程进行生产。

（二）品种选择

选用优质、高产、抗病、抗虫、抗逆性强、适应性广、耐贮运、商品性好的茄子品种。

（三）目标产量和产量构成参数

茄子每棚产12～22吨，行株距配置为（70厘米＋50厘米）×45厘米，亩栽种2000株，每株产6～11千克。

（四）产品标准

符合区域品种特性，色泽油亮，果柄长不大于2厘米；无虫眼、无腐烂、无季节损伤；原形果丰满，长茄弯度不超过1厘米，上下均匀一致；单果重150～220克。

（五）施肥准则及方案

按照中国式有机农业新绛模式的栽培技术进行生产试验示范，以目标产量为基础，以测土配方为依据，具体方案如下。

（1）底肥：每个蔬菜棚用牛粪20吨，稻壳1吨，硫酸钾25千克，生物益生菌4千克，合计2029千克。

（2）追肥：每个棚追施复合益生菌液20千克，随水滴施2～3千克/次；含量50%的硫酸钾125千克，追肥时一次追施复合益生菌2千克，另一次滴施硫酸钾25千克，交替进行；全期10～12次。

（3）植物诱导素：每棚全期用量150克，每次50克稀释1000倍液灌根或叶面喷施，全期2～3次。具体应用方法：取50克原粉，放入瓷盆或塑料盆，用500克开水冲开，放24～60小时，对水30～60千克，灌根或叶面喷施；在茄子4叶左右时全株喷一次预防病毒病；在定植后按800倍液再喷一次或灌根一次，如果早中期植物有些徒长，节长叶大，可用650倍液再喷一次。

（4）植物修复素：每棚全期用量10粒，亩喷2～3次，在结果期每粒对水10～15千克，叶面喷洒即可，以早晚20℃左右时喷施效果最好。

（六）温度要求

茄子喜高温，种子发芽适温25～30℃，最低发芽温度11℃。

幼苗期发育适温白天25～30℃，夜间15～20℃，15℃以下生长缓慢，并引起落花，10℃以下停止生长，0℃以下要受冻死亡。

（七）湿度要求

对水分要求随着生长阶段不同而有差异。门茄形成前，需水量少，门茄迅速生长，以后需水量多一些，对茄收获前后需水量最大，要充分满足水分，否则会影响生长，严重减产，品质下降。茄子喜水又怕水，土壤潮湿，通气不良时，易引起沤根，空气湿度大易发生病害。

（八）光照要求

茄子对光照要求严格，光饱和点为4万勒克斯，补偿点2000勒克斯，日照时间长，光照度强，植株生长旺盛；日照时间短，光照弱，花芽分化和开花推迟，花器发育也不良，短柱花增多，落花率高，果实着色也差，特别是紫花品种更为明显。因此，改善温室光照条件，张桂反光幕是十分必要的。

（九）防灾要求

（1）在棚室四周挖一条排水沟，防止雨水较多把大棚泡塌。

（2）在大棚四周5米之内，严禁堆放柴草等易燃物品，防止火灾。

（3）经常检查压膜绳，保持紧绷的状态，防止大风把棚膜吹起落下，损坏棚膜。

（4）下雪天要及时组织工人不断清理积雪，谨防厚雪压棚。

二、栽培技术操作规程

1.育苗技术

（1）种子处理：浸种前可晒种6～8小时，为了消除种子表面附着的病原菌，可用1%的高锰酸钾溶液浸种30分钟，捞出经反复淘洗后进行温烫浸种。

（2）浸种催芽：先用55℃的热水浸泡15分钟后加凉水使水温

降到30℃，再浸种8小时左右为宜。

（3）育苗简易流程：装盘→播种→催芽→育苗。

（4）壮苗标准：高度20～25厘米，有展开真叶8～10片，叶片较肥厚，茎秆粗0.6～0.8厘米，茎色深紫色；根系发达。苗龄65天左右。

2.定植技术

（1）整土施肥：前茬收获后，首先要进行温室消毒，即按温室空间，每立方米用硫黄4克加850敌敌畏0.12克和锯末8克，混匀后点燃封闭一昼夜，再打开风口放大风，消毒后土壤进行深翻整平，结合整地施足底肥。每亩施入牛粪20000千克，稻壳1000千克。底肥撒施后，将土壤深翻25～30厘米，耙平整细，挖定植沟，施入硫酸钾25千克，按要求的密度，确定好行距，起15～20厘米高的畦。

（2）定植方法：定植要选阴天过后晴天开头时进行。定植时先按50厘米窄行，80厘米宽行交替开沟，沟深5～6厘米，然后按40厘米株距摆苗。苗摆入沟中，然后埋土浇水，当土壤见干见湿时中耕松土、培垄垄高超过垄面4厘米，使苗行形成10厘米左右的垄台，再在两垄上覆一幅80～90厘米宽的地膜，开纵口把苗引出膜外，实施膜下暗灌。

3.定植后的管理

（1）温度管理：定植缓苗期间要及时中耕，促进缓苗。缓苗后，白天室温25℃，前半夜19～20℃，后半夜15～16℃，昼夜温差宜小；着果期白天22～30℃，前半夜18～19℃，后半夜13～14℃；膨果期，白天30～35℃，前半夜17～18℃，后半夜10℃左右，昼夜温差宜大，利于产品形成，产量高、品质好。

（2）光照管理：光照强度不够，易形成短花柱花和畸形果，为此除了经常保持薄膜表面清洁外，还可在温度室后墙内侧张挂反光幕，这样可明显增加温室后部光阴。

（3）水分管理：定植后3~4天要选好天气有膜下灌一次缓苗水，以保持土壤湿润和促进缓苗。缓苗后正值天气严寒，一般不再浇水，直到门茄瞪眼时才开始浇水，灌水宜在上午进行，一般5~6天灌一次水。门茄瞪眼时也是追肥大临界期，以后每隔15天追一次肥，每次每亩含量50%的硫酸钾12~24千克，一次追施复合益生菌2千克。

（4）中耕伤根：定植后随水冲入复合益生菌液2千克，因耕作层杂菌可控制在15%以下，2天左右毛细根伸出，10天左右达10厘米，这时土壤表层脱水干裂，需中耕松土，伤浅根，打开植物次生代谢功能，植株抗逆性强，生长旺盛，土壤具有保水、生肥、保温作用。

（5）水肥供应：茄子喜水，秸秆用量大，有机肥充足，土壤透气性好，首次应在宽窄行浇大水，以后只浇窄行，每次浇水冲入复合益生菌液1千克或50%矿物硫酸钾25千克左右（视浇水间隔时间而定施钾量），一般亩产2万千克以上，应按产3万千克左右用量投入，每千克50%硫酸钾产果8000千克，总量需350千克左右，因有机肥中的钾可供产量5000~7000千克，那么总投入量控制在200千克左右。其他营养素通过复合益生菌液分解有机肥和从土壤、空气中获取，即能满足供应80%左右。

（6）整枝：门茄采收后，生长出对茄，为双头，待长出四门斗，每头留1果，选留两个粗壮的生长点继续往上长，而将另两个弱者生长点捏掉，依次类推整枝，即以上每层留4果，长10层果植高1.9米左右，每层可产4果1.4千克，株产10千克以上，此整枝法必须配合充足的碳素有机肥和钾素，需用生物菌分解供应有机物，用植物诱导剂控秧防叶蔓徒长。

（7）采果、保果：茄子早熟品种，一般开花后20~25天就可以采收嫩果。判断茄子果实是否适于采收，可以看茄子萼片与果实相连接的地方，如有一条明显的白色或淡绿色的环状带，则表明果实正在快速生长，组织柔嫩，不宜采收，如果这个环状带已趋于不明显或正在消失，则表明果实已停止生长，应及时采收。

用复合益生菌液500倍液，配植物修复素1粒对水15千克喷花蕾，促坐果，促膨大。

三、大棚拉秧后的管理

（1）清洁田园：在茄子收获完毕，拉秧后及时清园，彻底清除残枝、落叶、较大根系和杂草，保持田间清洁；集中进行无害化处理，防止附在残枝茎叶上的病菌散落温室内。

（2）拉秧后，土地休整时对土壤进行深翻，破坏病菌的生存环境；夏季最高温度可达45℃以上，在施用有机基质肥调节土壤营养的同时对土壤进行两个月的强烈阳光暴晒，可杀死大量病菌。

（3）用清水冲洗遮阳网和防虫网。

（4）大棚检修：对后坡墙体、钢架、卷帘机等及时进行保养和维修。

（5）制定下一茬的生产计划和物资准备。

第五节 有机辣椒优质高效标准化栽培技术规程

一、实现目标和具备条件

（一）茬口安排

6月下旬至7月上旬育苗播种，9月下旬至10月上旬定植，11月上旬至11月中旬进入始收期，翌年6月下旬至7月上旬拉秧换茬。

（二）品种选择

宜选择早熟、高产、商品性状优良，抗病抗逆性强，苗期具有一定的耐寒性，成熟期又较耐热的品种。抗烟草花叶病毒和耐黄瓜花叶病毒的甜椒品种有中椒4号、中椒6号、苏椒4号、甜杂3号、农乐、吉椒2号等。生产者可因地制宜选择抗病品种。

（三）目标产量和产量构成参数

辣椒每棚产15吨，行株距配置为（70厘米+50厘米）×45厘米，亩栽种2200～2400株，每株产8千克。

（四）产品标准

符合区域消费品种特性，色泽鲜亮，口感纯正，无虫眼、无腐烂，果实大小均匀，果柄在0.3厘米之内；颜色一致，标准包装，定量8～12千克。

（五）施肥准则及方案

按照中国式有机农业新绛模式的栽培技术进行生产试验示范，以目标产量为基础，以测土配方为依据，具体方案如下。

（1）底肥：每个蔬菜棚用牛粪20吨，稻壳1000千克，硫酸钾25千克，生物益生菌4千克。

（2）追肥：每个棚追施复合益生菌液20千克，随水滴施2～3千克/次；含量50%的硫酸钾125千克，追肥时一次追施复合益生菌2千克，另一次滴施硫酸钾25千克，交替进行；全期10～12次。

（3）植物诱导素：每棚全期用量150克，每次50克稀释1000倍液灌根或叶面喷施，全期2～3次。具体应用方法：取50克原粉，放入瓷盆或塑料盆，用500克开水冲开，放24～60小时，对水30～60千克，灌根或叶面喷施；在辣椒4叶左右时全株喷一次预防病毒病；在定植后按800倍液再喷一次或灌根一次，如果早中期植物有些徒长，节长叶大，可用650倍液再喷一次。

（4）植物修复素：每棚全期用量10粒，亩喷2～3次，在结果期每粒对水10～15千克，叶面喷洒即可，以早晚20℃左右时喷施效果最好。

（六）土壤要求

辣椒对土壤要求不严，不论黏土、沙壤土、红土都可以栽培，但仍以地势高燥、排水良好、土层深厚、疏松肥沃的土壤为佳，对土壤酸碱度的要求以pH5.6～6.8为宜。

（七）温度要求

辣椒属喜温蔬菜，在自然条件下，适宜生长的温度20～30℃，5℃以下就会受冻。早春在10～15℃的低温下不能正常开花，在整个生长过程中，平均温低于12℃时要覆盖防寒保温，高于35℃则要通风、灌水降温。

（八）光照要求

辣椒属短日照作物，但对日照的要求不太严格，只要温度适宜，都能正常开花结果，但在较短的日照，更为适宜，适宜于温室、大棚内栽培。

（九）水分要求

辣椒根系发达，吸收力强，而叶片较小，蒸腾量也小，整个生长期要求见干见湿。

（十）养分要求

辣椒需要充足的养分，但不同的生长期对养分的要求不同，一般幼苗期需肥量，初花期切忌氮肥过多，进入开花结果盛期，对氮、磷、钾需要量较大。忌浓肥，所以追肥应掌握勤施、薄施的原则。

（十一）防灾要求

（1）在棚室四周挖一条排水沟，防止雨水较多把大棚泡塌。

（2）在大棚四周5米之内，严禁堆放柴草等易燃物品，防止火灾。

（3）经常检查压膜绳，保持紧绷的状态，防止大风把棚膜吹起落下，损坏棚膜。

（4）下雪天要及时组织工人不断清理积雪，谨防厚雪压棚。

二、栽培技术操作规程
（一）苗期管理
苗床要保持土壤湿润，温度在20～25℃左右，7～10天即可出苗，出苗后上午要揭开覆盖物见光炼苗，傍晚再覆盖，注意预防猝倒病。当株高20厘米左右，叶片有9～10片，叶片肥厚，叶色深绿，开始现蕾、根系发达、无病虫害，无机械伤时可以移植。定植前20天在幼苗叶面上喷一次1200倍液的植物诱导剂。间隔10天左右，喷一次500倍液的复合益生菌液，防病抑虫，促苗抗寒抗热，防止秧苗徒长和僵化。

（二）定植前的准备
1.清洁棚田，高温闷棚
前茬作物拉秧倒茬后，立即清洁棚田；将棚室内的残枝败叶和烂根等物清除干净后，严闭棚室，连续高温闷棚3～5天。

2.整地施肥
结合整地施足底肥。每亩施入牛粪12000千克，稻壳1000千克。底肥撒施后，将土壤深翻25～30厘米，耙平整细，挖定植沟，施入硫酸钾25千克，按要求的密度，确定好行距，起15～20厘米高的畦。

（三）定植
当秧苗长到9～10片真叶，20厘米高，茎粗0.7～0.8厘米，达到适宜苗龄大壮苗标准时，即可定植。栽完后用800倍液的植物诱导剂灌根茎部，每亩用药液40千克，即原粉50克，对水40千克，可有效增加根系，提高光和强度，增强植株抗冻、抗寒、抗热的能力，灌根之后1小时浇定根水。2天后浇一遍缓苗水。

（四）定植后至开花结果期的管理
1.水分管理
栽植后浇水至渗透到幼苗根部，勿大水漫灌，随水亩冲施复合益生菌液2千克，勿白水空浇，缓苗后4～5叶片时，叶面喷洒植物诱导剂800倍液；或植物修复素，每粒对水12千克，控秧促果。根部培土，降低夜温。空气湿度保持在65%左右，利于扎深根，授粉受精，坐果增产。

2.中耕松土

用锄疏松表土，在破板5厘米土缝后，可保持土壤水分，促进表土中有益菌活动，分解有机质肥，减少水蒸气带走温度，适当伤根，可打开和促进作物次生代谢，提高植物免疫力和生长势，增产突出。

3.整枝留果

一般植株生长到1.7～1.8米，可长6～9层果，而亩要产1万～1.5万千克，需留9～10层果。那么，在门椒以上留三个左右侧枝，每个侧枝留1～3果，可摘掉1～2个弱枝，重复向上整枝；及时摘除下部的老叶、黄叶、病叶和无效枝，以利通风透光和防止病虫发生。

4.温度管理

白天室温控制在20～32℃，20℃以下不通风；前半夜17～18℃，后半夜9～11℃，过高通风降温，过低保护温度；昼夜温差18～20℃，利于积累营养，产量高，果实丰满，上半夜温过高引起辣椒叶厚肥大产量低。

5.保果防脐腐

高温期（高于35℃），或低温期（低于5℃）钙素移动性很差，易出现大脐果，或脐部变褐腐烂或皱，防止办法：叶面喷复合益生菌液300倍液加植物修复素（每粒对水15千克）修复果面，或食母生片每15千克水放30粒，平衡植物体营养，供给钙素或过磷酸钙（含钙40%）泡米醋300倍浸出液，叶面喷洒补钙。

6.徒长秧处理

叶面喷施800倍液的植物诱导剂，控制蔓叶生长。即取50克原粉，用500克开水冲开，放24～56小时，对水40千克，在室温达20～25℃时叶面喷洒，不仅控秧徒长，还可防止病毒、真菌、细菌为害，提高叶面光合强度50%～400%，增加根系数目70%以上。

7.解除坠秧

①及时采收下部辣椒和摘取下部叶片。②浇施复合益生菌液2千克促长。

8.弯果处理

①基肥施足碳素有机物，结果期每次冲入复合益生菌液2千克，另一次冲入天然矿物硫酸钾20千克左右，勿施化学氮磷肥。②在辣椒幼果期，于内弯处涂抹复合益生菌液500倍液，诱其长直。

9.适期采收

一般于开花后30～35天，果实长足长度和厚度，果色变深，在变红前5～7天采收最好。

三、大棚拉秧后的管理

（1）清洁田园：在收获完毕，拉秧后及时清园，彻底清除残枝、落叶、较大根系和杂草，保持田间清洁；集中进行无害化处理，防止附在残枝茎叶上的病菌散落温室内。

（2）拉秧后，土地休整时对土壤进行深翻，破坏病菌的生存环境；夏季最高温度可达45℃以上，在施用有机基质肥调节土壤营养的同时，对土壤进行两个月的强烈阳光暴晒，可以杀死大量病菌。

（3）用清水冲洗遮阳网和防虫网。

（4）维修。

（5）制定下一茬的生产计划和物资准备。

第六节 有机土豆优质高效标准化栽培技术规程

一、选地整畦

种植土豆应选择土壤碳素有机质丰富，含钾量较高的沙壤土质或冲积田栽培。如果土壤瘠薄，一要做好秸秆还田，按每千克干秸秆在益生菌作用下，供产土豆5～6千克投入；含水分、杂质50%的厩肥，按每千克产土豆2.5千克投入。一般按亩产5000千克投碳素有机肥。50%硫酸钾100千克可供产土豆1万千克，土壤中含钾超过240毫克／千克不再施钾，有机肥中含钾0.8%左右，可酌情考虑进去。有机肥和钾肥均需按当地土壤含量酌情投入，以便降低成本。亩基施绿农生物有机肥80千克，基施赛众牌土壤调理剂25千克，补充微量元素和稀土营养，用其中的硅元素避虫（含量42%），深耕30厘米，起垄70～80厘米宽。亩随水冲入2千克地力旺复合生物菌液，或对水500倍液地面喷洒，灭杂菌，分解有机碳素肥。

二、品种选择

适合出口东南亚及港澳地区的品种为荷兰15号；适合晋冀鲁北及内蒙古地区种植的品种为大白花、夏播地等品种。

三、种薯处理

每千克种薯宜切50块左右，先纵切，后横切，块大小均匀，每块留1～2个芽眼。切好的薯块先用净水洗2次，再用含量20亿／克的地力旺复合生物菌液300倍液拌种块，之后装入塑料编织袋内，放置15～21℃处，让益生菌充分在伤口繁殖，杀杂菌愈合伤口，不必再用化学杀菌剂消毒防病。

在晋冀鲁北及内蒙古地区5月中旬播种，9月中下旬收获；晋冀鲁南地区2月下旬至3月上旬播种，播时地膜覆盖，行距

60厘米，株距25厘米，或是行距70厘米，株距20厘米，亩保4000～4500株。

四、田间管理

出芽后控水蹲秧，秧高15厘米左右时，叶面喷植物诱导剂800倍液，防止病毒病，提高叶片光合强度和抗冻抗热能力，控秧促根。待能浇水时，亩随水冲施地力旺生物菌液2千克；下次施50%硫酸钾10～25千克，总投入30～40千克。生长中后期若植株仍有徒长现象，用植物诱导剂600倍液叶面喷洒1～2次，控蔓促豆，营养向下转移。

五、病虫害防治

用植物修复素配益生菌或硫酸铜配碳酸氢铵叶面喷洒防治晚疫病等细菌性病害（死种）；用可口可乐饮料100倍液叶面喷洒真菌性病害；用植物诱导剂早期叶面喷洒防治或小薯整种，用益生菌液拌种防治病毒病。地上虫害，如蚜虫、28星瓢虫，用赛众牌土壤调理剂，每5千克原粉，1千克醋、15千克水拌匀，放48小时，对水30千克浸出液，在幼苗期或在生长嫩芽处叶面喷洒，利用其中的硅元素避虫，利用中微量及稀土元素增强作物皮质厚度。地下害虫如蝼蛄、蛴螬、地老虎，用80%敌百虫可湿性粉剂500克加水溶化后拌和炒香的棉籽、菜籽饼或麦麸20千克，作毒饵，于傍晚堆放在田间，置于塑料膜上，进行诱杀。

六、典型事例

山西新绛县桥东村吉瑞平，2013年在河北张家口沽原县东利村徐建国承包田，用地力旺复合益生菌液浸拌荷兰15号土豆种子50亩，无病毒生长，亩产达4400千克，较化学技术亩产3300千克，增产25%左右。

山东省腾州市长楼村任先奎在该村承包沙壤土地16公顷，按亩施陕西绿农生物有机碳系列肥100千克，秸秆碳化颗粒肥200千克（含碳达70%左右）；含有机质30%，钾16%的黄腐酸钾200千克，三元复混肥200千克，生长中期追施含钾36%的黄腐酸钾肥10千克，加之，地下水中含碳素丰富，2012年土豆亩产4080千克，较化学技术增产1500~2000千克。

第七节 有机芫荽优质高效标准化栽培技术规程

一、品种特征特性

芫荽有特殊清香味，不宜生虫，秋冬茬栽培选用留香或者飘香品种，叶宽，冻性强，不宜抽薹，亩产可达1800~2000千克，10月下种，生长期65天左右，12月开始上市，可供应到元旦春节期间；早春茬在3~4月随时下种，60天左右上市，亩产1300~1500千克，品种无特殊要求；夏秋茬选用抗热耐旱品种，如玛卡等品种，亩产1500千克左右。

二、用种量、密度

芫荽亩用量3千克，按行距10厘米，播幅8厘米，这样便于通风透光，芫荽不宜徒长，避免茎秆纤细。

三、施肥

每亩施鸡粪2500千克，亩基施绿农生物有机肥80千克，用2千克地力旺复合益生菌液分解有机肥，防止病虫害，这样每千克鸡粪可供产芫荽5千克左右，施一次肥可供生产2茬芫荽。

四、田间管理

每次浇水冲入地力旺生物菌液1～2千克，高温干旱期叶面喷过磷酸钙米醋液300倍液或者在傍晚喷地力旺复合益生菌液1000倍液，防止干叶病。收获前7～10天叶面喷一次植物修复素，每粒对水15～30千克，促使叶片鲜嫩，提高产量，若叶片发黄，可取 地力旺复合益生菌液50～100克配红糖50克，对水15千克叶面喷洒，使叶面产生固氮菌，叶片黑绿，提高商品性状。

第八节 有机长椰菜优质高效标准化栽培技术规程

一、备肥

（1）每千克干秸秆在地力旺复合益生菌液的作用下，可产净菜（叶球）5～7千克，鸡、牛粪可产净菜2千克，那么需投入干秸秆1000千克（折合1.5亩地玉米秸秆）或鸡、牛粪2500千克，为碳供应满足。以三种碳素肥结合为好。

（2）有机肥施入田间后，亩基施绿农生物有机肥40～80千克，亩冲施地力旺复合益生菌液2千克（合50元），或施50%硫酸钾25千克，分解保护有机肥中养分，平衡土壤植物营养，防止病害；吸收空气中的氮和二氧化碳，提高营养供应范围，使害虫不能产生脱皮素而窒息死亡。转化有机肥中的氨气、甲醇等对植物根有伤害的毒物；使长纤维变成短纤维而不易生虫；能使根系直接吸收利用碳、氢、氧、氮等营养，提高有机肥利用率3倍，产量也就提高1～3倍，并能化解和消除土壤残毒。

（3）亩施含量50%左右的硫酸钾25千克（每100千克可供产净菜1万千克），在包球期再施25千克，2800千克有机肥中的钾可供产净菜3000克左右，也可亩施赛众牌土壤调理剂25～50千克（含钾8%～21%，使外叶和心内比由5：5拉大到3：7），增加叶片厚度及长椰菜的紧实度，含硅42%避虫，含微量元素及稀土提高品质。

（4）在长椰菜幼苗期叶面喷洒一次植物诱导剂，每袋50克，用500克开水冲开，放24～48小时，对水60千克叶面喷洒，防止病毒及真菌、细菌病害，提高植物抗热、抗旱能力，避虫，增加叶片光合强度，增根70%以上，控外叶促长心叶。

二、整地

按大小行整地，即大行30厘米，小行25厘米，株距20～25厘米，亩留苗8000～8500株，起10厘米垄播种，以便排水，保持地面透气性，利于点播、出苗。金娃娃，小行18厘米，大行25～30厘米，株距18～25厘米，亩苗数9500～12500株。

三、下种移栽

晋南露地春季在3月10日前育苗，覆盖地膜，支小拱棚，4月5日前定植；秋季在7月13～20日下种，8月10～18日移栽，温室栽培可迟3～7天，过晚包球不实。定植后，因土壤浓度大或根浅，发现个别行株苗小，用700倍液硫酸锌液浇灌，每株500克液，5～7天将苗赶齐。

四、追肥浇水

不特别干旱不浇水，随浇水一次冲地力旺复合益生菌液1千克，一次冲硫酸钾5～10千克，氮磷等化肥不再追施。包心期喷洒1～2次植物修复素，愈合病虫害伤口，防止干烧边和麻点及软腐病发生。

五、田间管理

麦田收获不能防火烧茬，应在小麦收获后翻耕，小麦秸秆与土壤充分混匀，亩浇施地力旺复合益生菌液2千克。幼苗按大、中、小三级分开栽植，过小苗用生物菌1000倍液个别灌根，使之在5～7天内赶上大苗。

六、香港收购标准

净菜高30～40厘米，每株重0.9千克以上，毛菜2千克以上，心叶无虫眼，无麻点，叶缘无干边，外叶片无腐烂，包球紧实，色泽淡绿嫩白。娃娃菜净重0.5千克，毛菜1.5千克以上。9月底至10月20日收获。贴出口合格标签。

七、投物产出估算

秸秆还田或施牛、鸡粪2500千克150元，50%硫酸钾50千克200元，地力旺复合益生菌液3～4千克60～100元，植物诱导剂50克25元，合计435～475元，亩产8000株×0.5元=4000元，亩收入3500～4000元，投物产出比1:（8～8.4）。

第九节　有机菠菜优质高效标准化栽培技术规程

一、茬口品种

早春茬在2～3月下籽，选择"领袖"、"波菲特"、荷兰"围迪"、"商品"，亩用种1.2～1.5千克，4～5月上市；越夏茬在5～6月下籽，选择"太阳神"、"绿仙"亩用量1.5千克，6～7月上市；夏秋茬7～8月下种，选用"抗热王"品种，亩用种1千克，8～9月上市。秋冬茬选用"墨龙"、"黑马"，10月下种，12月上市；越冬茬在10月下种，选用返青快的黑龙江"双城"、黑马、米龙等品种，11月至翌年3月间上市。亩茬产量控制在2500千克左右。内地销售常见肥厚圆叶品种，供应香港及中东国家宜用尖叶红根品种。

二、栽培特点

菠菜喜冷冻，在0℃左右不怕冻坏，怕高温，在36℃以上难发芽，会死秧。适宜高产优质温度白天20～25℃，晚上10℃左右，故多在早春越冬拱棚和地面覆盖塑料薄膜栽培，越夏或夏秋适当遮阳栽培。生物有机栽培一是种籽用地力旺生物菌500倍液浸种2～4小时，杀壳外杂菌，促种萌发；二是按亩产4000千克左右投肥，亩基施绿农生物有机肥40～80千克，经地力旺复合益生菌液处理发酵15天左右的禽粪，每千克供产菠菜叶4千克，合含水量50%左右的鲜鸡粪1000千克，因土壤中需有50%缓冲肥，亩施2000千克较为合适，菠菜叶黑绿。施用牛粪、秸秆不用发酵处理，菠菜叶生长快，但叶发黄。可用地力旺复合益生菌液1000克，红糖50克，对水15千克，叶面喷洒，使叶面产生大量固氮菌，增氮增色。

三、产品收购标准及规格

叶长25～30厘米，叶色翠绿，不抽心、无黄叶、花叶、病虫叶；留根基1.5厘米，无捆绑。

四、投入产出分析

通常在没有地力旺生物菌液的情况下，需多施1倍以上。益生菌利用有机碳肥可在杂菌条件下的24%左右提高达100%。鸡粪中含钾0.5%左右，2000千克鸡粪中含纯钾10千克，合含50%硫酸钾20千克，每千克可供产叶菜160千克，合2600千克，可满足亩产2500千克需求，其他元素在益生菌的作用下完全可供给，不必再施入。

只需在生长期追水冲入地力旺复合益生菌液4～6千克，每次

2千克左右，防死秧，促长。越冬和越夏栽培，在幼苗期叶片喷一次1200倍液的植物诱导剂，使菠菜抗热抗冻性增加2～3℃，控制叶柄生长，使之叶绿叶厚，在有病虫轻伤口时叶面喷洒植物修复素1～2次，每粒对水14千克，高温期叶面田间可喷2次光碳核肥，使菠菜抗热，叶厚绿。

菠菜柄叶总高25～30厘米时，收获期，连根拔起，勿捆帮，散装入箱运回，在0～2cm处打捆，根朝上喷雾后，装入泡沫箱外销。达有机蔬菜食品标准要求。

注：茼蒿按当地传统产量提高0.5～2倍，酌情投入有机碳素粪肥，以生物集成技术与要求栽培即可，达有机食品要求产品。

第十节　有机娃娃菜优质高效标准化栽培技术规程

一、品种特征特性

娃娃菜选择韩国"金童"、"吉祥娃"、"贝蒂"，植株生长强健，株高30厘米，开展度35厘米左右，叶色绿，叶球合抱，筒形，叶球浅绿，球内叶黄色，漂亮宜人，叶球高20厘米，直径12厘米，合理稀植最大球重1千克左右，抗病性强，耐抽薹，商品性好，适应性强，适宜密植栽培，亩产可达5500～6000千克。

二、播种时间

在晋南地区可选择3月下旬到4月上旬播种，育苗在3月中下旬于拱棚或温室内播种，于4月中旬定植于露地。育苗期间温度应保持在13℃左右。

三、用种量

本品种属早熟小型品种，作娃娃菜栽培时，育苗亩用50～60

克，点播用种约100克。

四、种植密度

亩植8500株左右，即株距25厘米，行距30厘米；产品要求毛菜单株重0.4千克，叶球充实。

五、整地盖地膜

提前15天深耕35厘米左右，整平施肥起垄，盖地膜，以提升温，直播可在条播或点播后盖膜。

六、田间管理

按亩产4500千克投肥，亩基施绿农生物有机肥40～80千克，需施鸡粪1500～2000千克（施入1000千克左右牛粪），硫酸钾15千克，2次青鲜素或者钼元素，防止抽薹。心叶抱合期，在外叶上喷一次植物修复素，控制外叶生长，促进心叶充实。每次浇水冲入地力旺复合益生菌液1千克，高温干旱期叶面喷过磷酸钙米醋液300倍液或者在傍晚喷地力旺复合益生菌液1000倍液，防止干烧心。用阿维菌素、苦参碱防止虫害；田间撒草木灰，沤黑的麦、稻、谷壳等含硅丰富的物质避虫。

娃娃菜，单株重150～500克，长度15～27厘米，叶色淡黄，无抽心，无黄叶、无花叶、无畸形、菜心黄。

第十一节 有机韭菜优质高效标准化栽培技术规程

韭菜清香壮阳，为很多人所喜食。过去广大菜农在无奈根蛆的情况下，往田间冲施剧毒杀虫剂，造成土壤和食品污染，很多人见韭菜望而止步，消费受到局限，严重影响着农民收入和农村经济的发展。

一、技术开发特点

　　韭菜喜冷凉怕湿热。温室或暖棚栽培，2月下旬后，墙体白天吸热，晚上保湿保温，昼夜温差小，植株生长细弱，易染灰霉病而软腐，影响产量和质量。拱棚盖韭不覆草苫，在12月至翌年2月初气温低，韭菜不生长或易冻伤叶片。韭菜在5～10月光合作用积累的营养物质，均贮藏在根茎里，在弱光低温季节以生产1～2茬韭菜产量最佳，用生态生物集成技术，充分发挥了韭菜的产量潜力，可谓降低成本提高效益的先进农业技术。

二、栽培要点

（一）选种

　　马莲韭与立韭各50%，混合播种。

（二）育苗

　　3～4月育苗，亩用籽1.5千克，需育苗畦地40米²。

（三）备肥

　　亩施鸡粪3000～4000千克，拌施地力旺复合益生菌液2千克，陕西绿农生物有机碳系列肥固体40千克，沤制15天施用，按每千克鸡粪供韭菜5千克投入计算，并用地力旺复合益生菌液化虫，以防韭蛆危害韭根。亩施赛众牌土壤调理剂15～25千克，用其中的钾元素使叶片增厚增产，其中的硅元素避虫。50%硫酸钾100千克可供产韭菜1.6万千克，

（四）移栽

　　6月按行距18～20厘米，深8厘米，株距8～10厘米，每穴2～3株错开栽。

（五）温、湿度

　　白天棚温控制在21～24℃，夜间5～8℃，湿度75%以下，创

造一个不适宜真菌生存繁殖的生态环境。

（六）追肥

扣棚前，亩施地力旺复合益生菌液2～3千克，促使韭菜萌发。头刀收割前3～5天，随水冲施地力旺复合益生菌液2千克或生物复混肥40千克，提高本茬韭菜品质，以利于以菌克菌，愈合伤口。

（七）喷施植物诱导剂和修复素

在韭菜7～8厘米高时，叶面喷800～1000倍液的植物诱导剂，使韭菜抗热抗冻性提高2～3度，光合作用提高0.5～4.9倍和愈合叶面病虫害伤口，韭菜叶片丰满肥厚，提高产量和质量。

（八）喷施光碳核液

日本比嘉照夫1991年著《农用与环保微生物》一书中述："在实际生产上，太阳能的利用率是在1%以下，即使像甘蔗那样高效光合作用的C_4植物，其生长最旺盛期的光合利用率也只能达到瞬间6%～7%的程度"。"二氧化碳利用率不足1%"。显然，光碳利用率提高1%～2%，产量就可提高1～2倍。单用光碳收集剂产量可提高25%左右，山西新绛县符村王双喜，2012年5月大田栽植的韭菜，品种为绛州立韭，2013年早春已收割三刀后，即5月24日在韭菜高10厘米左右时在叶面上按15千克水对入光碳核液150克，7天左右见效，叶油绿鲜嫩，第四刀韭菜比对照早上市6天，亩产1250千克，增产250千克左右，每千克1.6元，增收400元，因品质好，每千克比对照多卖0.2～0.4元。俗话说："六月韭、臭死狗"，而用光碳技术韭菜食味清香软滑。投入产出达1：（16～30）。

三、有机韭菜防根蛆的办法

根蛆，韭菜叶至须根间有一个"葫芦头"，叫鳞茎，韭菜越冬前叶片上的营养通过鳞茎，回流到粗壮的须根内储藏。翌年，立春后营养通过鳞茎，从须根往上转流，从新生长新鳞茎，俗称"跳根"。新生的鳞茎比老鳞茎高出1厘米左右，新生鳞茎至老鳞茎中间，重新长出新须根，老鳞茎和老根须腐败，继而产生臭味。而种蝇嗅到臭味，便选此处产卵生蛆，韭蛆在晋南3～4月为害为重，可造成缺苗断垄，严重影响产量质量。

（一）生物菌防蛆法

在2月下旬至4月，韭菜老鳞茎腐烂前和腐烂中，亩冲施地力旺生物菌液2千克，拌红塘2千克，对水20千克，存放在20～35℃环境中3～4天，防治根蛆。一是有益菌能将根部臭味转变成酸香味，种蝇就不便于在此产卵、生蛆；二是有益菌可将卵分解，使卵壳不能硬化而长出若虫；三是有益菌能将根茎部土壤和植物所需营养调节平衡，增强抗病抗虫性。久而久之，生物菌占领生态位，土壤透气性高，就不适宜病虫害生存，可从根本上解决根蛆为害蔬菜生长问题了。

（二）硅营养防蛆法

硅元素能使作物表皮细胞硅质化，细胞皮壁加厚、角质层变硬，还能促进作物茎秆内的通气性，茎秆挺直，减少遮阴，促进叶片光合作用，不便于蛆虫为害。同时能使卵和蛆虫表皮钙质化，使卵难以破壳孵化，蛆虫活动力弱化，不便于蛆虫的生长发育。2008年，山西新绛县符村王双喜，用草木灰和EM地力旺生物菌防止韭蛆，一亩达4500千克，

在韭菜田亩施草木灰200千克，不生蛆虫，是草木灰中含硅元素丰富及其气味引起的避虫作用。另外赛众28矿物质营养肥料中含硅42%，亩冲施50千克，也可达到避蝇防蛆的作用。该村村民郝宝同至2002年以来，连年在韭菜地里施用地力旺生物菌生物菌，产量高、质量好、虫口少，没有干尖及腐烂叶。

（三）物理防蛆法

每4公顷菜田挂频振式杀虫灯或者微电脑自动灭虫灯一盏，

在9月种蝇大量活动期，白天关灯晚上开灯，诱杀种蝇，可杀一断百，起到控制蛆虫为害的作用。

（四）生态防治根蛆法

注重施牛粪、秸秆肥，腐植酸有机肥：一是减少肥料臭味；二是耕作层透气性高；三是土壤中含碳、氢、氧元素丰富，利于高产，不利于种蝇产卵和蛆虫活动。有机韭菜禁止使用化学肥料和化学农药，鸡粪要用生物菌分解或者烘干处理后再用，就能从根本上解决根蛆的为害。

亩取12～13千克新鲜蓖麻叶，捣成汁，加水50千克，浸泡12小时叶面喷洒；或将蓖麻叶晒干后研成粉拌土，或亩取蓖麻油废渣6千克加水30千克，搅拌后浸泡12小时，晴天早上叶面喷洒，可防治蚜虫、菜青虫、蝇蛆、金龟子、小菜蛾、地老虎等多种害虫。亩备50千克干燥草木灰，放入种植穴内，待播种或定植时再覆上土。可防治种蛆等地下害虫；将草木灰过筛后亩用量2千克，待早上叶面有露时喷施在害虫为害部位；亩取24千克草木灰配60千克水，浸泡70小时左右，将过滤液叶面喷洒可防治地上害虫。8～9月待雨后，在韭菜田间喷洒菊酯类农药，杀韭蝇飞虫。在覆盖前亩施乐斯本500克，消灭卵和幼虫，虫害严重时配少许高露，杀虫效果优异，并属无公害农药。

（五）用植物技术防治多种害虫

山西省新绛县郭雷亩取12～13千克新鲜蓖麻叶，捣成汁，加水50千克，浸泡12小时叶面喷洒；或将蓖麻叶晒干后研成粉拌土，或亩取蓖麻油废渣6千克加水30千克，搅拌后浸泡12小时，晴天早上叶面喷洒，可防治蚜虫、菜青虫、蝇蛆、金龟子、小菜蛾、地老虎等多种害虫。

（六）用草木灰防治地上害虫

山西省新绛县李芸亩备50千克干燥草木灰，放入种植穴内，待播种或定植时再覆上土。可防治种蛆等地下害虫；将草木灰过筛后亩用量2千克，待早上叶面有露时喷施在害虫为害部位；亩取24千克草木灰配60千克水，浸泡70小时左右，将过滤液叶面喷洒可防治地上害虫。

（七）防病

缩短15～21℃时间，在叶高15厘米时浇水可防病，注重施钾肥。每隔10～15天叶面喷施地力旺生物菌50～100克，配植物修复素1粒，对水15千克液面喷施，防治真菌、细菌病害。

第十二节　有机甘蓝优质高效标准化栽培技术规程

一、品种选择

选择适应性广、抗病、抗逆性强的品种，主要选择中甘11、8398等早熟品种。

二、育苗

1.种子选择

根据种植季节和方式，选择有机种子，只有在得不到经认证的有机种子的情况下，使用未经禁用物质处理的常规种子。杜绝使用转基因作物品种。

2.温水消毒

配制55℃0.1%的高锰酸钾溶液，浸种15分钟，然后用清水洗净种子。

3.播种

育苗安排在3月初。营养土按草炭：蛭石3∶1的比例配制，每立方米营养土中加腐熟鸡粪10千克，将消毒的种子晾干后点入装满营养土的穴盘（128孔）中，每穴一粒，上覆1.5厘米厚营养土，浇透水，随水亩冲施复合益生菌液2千克，放入苗床。

4. 苗期管理

出苗前保持温度白天25～30℃，夜间17～20℃，出苗后降低3～5℃。根据湿度及时浇水。防病用500倍复合益生菌液喷雾，防虫可用5%天然除虫菊酯1000～1500倍液喷雾。定植前降温练苗。一般苗龄30～40天。

三、定植

1. 整地施肥

每亩施腐熟牛粪2000～3000千克，复合益生菌液2千克。

2. 定植与密度

露地定植在四月中、下旬。根据品种特性和栽培条件确定适宜的密度，行距50～60厘米、株距35～40厘米，亩定植3500株。定植时浇足定植水。

四、田间管理

缓苗后10天左右，每亩穴施鸡粪100千克，浇小水冲入复合益生菌液2千克。然后中耕松土，促根控秧。夏秋季节，注意排涝。生长中期和结球初期穴施鸡粪每亩100千克，冲入含量50%天然矿物硫酸钾20千克左右。

五、病虫草害管理

遵照"预防为主，综合防治"的原则，以农业防治为基础，选用抗病品种，应用生物技术，实行倒茬轮作，加强肥水管理，保护生物多样化和生态环境，保持生产发展的可持续性。

1. 病害

及时清洁菜地，夏秋防止涝灾。软腐病用地力旺生物菌液（每克含菌20亿以上）300倍液喷雾或DT杀菌剂700倍液喷雾。

2. 虫害

采用频振式杀虫灯。用5%天然除虫菊酯1000~1500倍液或0.6%清源宝（苦内酯水剂）800~1000倍液防治蚜虫、菜青虫、小菜蛾、甜菜夜蛾等害虫。

3.草害

采用作物轮作、人工拔草、锄草方法清除草害。禁止使用任何化学除草剂。

第十三节 有机结球生菜优质高效标准化栽培技术规程

一、环境要求

美国射手101结球生菜，本品种喜冷凉气候。种子在4℃开始发芽，生长适温15~20℃，结球适温10~18℃，超过25℃叶球生长不良，易先期抽薹，在潮湿、高温环境下易腐烂。在定植前15天，亩冲施硫酸铜600克，增强植物的抗软腐病能力。创造中性或微酸有机质丰富疏松的沙壤性土质。

二、品种特征特性

本品种耐寒，适宜冬、春季栽培。

三、栽培技术

山东、山西区域春露地栽培，一般在2月下旬至4月上旬播种育苗；秋露地于8月上旬至9月上旬播种育苗，秋季育苗种子应在低温（5~10℃）下催芽，并用遮阳网覆盖。采用108孔苗盘，每孔播2~3粒种子，浅播，亩用种量15克左右。

按每株毛重800克投肥，总产4500千克，需施入鸡粪1000~1500千克（拌1000千克左右牛粪），生物菌液2~3千克，深耕35厘米，细耙作畦，连沟带畦宽1米，起15～20厘米垄，3月下旬至4月中下旬定植于露地，每畦栽两行，株行距25～30厘米，亩栽4500～5500株。

结球生菜生长期90余天，一般7～10天随水追肥1次。定植后4～6天冲一次生物菌，以促进发根和叶生长。开始包心时，每次冲施45%硫酸钾7.5～10千克，或用地力旺复合益生菌液1千克。结球生菜忌干旱，也不能太湿。定植至开始包心（莲座期）勤浇跑马水，保持土壤湿润。进入莲座期，要严格控制水分，避免病害发生。结球期忌畦面积水或植株接触水分，故不能采用淋水或喷灌，可采用跑马式沟灌或在行间渗水。采收前10天应控水。

四、防病虫

亩取麦麸2.5千克，炒香，拌糖、醋、敌百虫各500克，用塑料布垫底，傍晚放置田间，诱杀地老虎等地下害虫，早上捡起消灭。田间撒草木灰，沤黑的麦、稻、谷壳等含硅丰富的物质避虫。冲施或叶面喷洒生物菌，平衡植物营养，增强植物抗逆性，防治病害发生和蔓延。

五、采收

结球生菜从定植到收获80天左右，采收时用两手从叶球两旁斜按下，以手感叶球紧实，留3～4片外保护叶收获。

第十四节 有机苦苣优质高效标准化栽培技术规程

一、苦苣

别名天精菜、花苣、菊苣、狗牙菜等，原产欧洲南部及东印度，为菊科菊苣属，以嫩叶为食的栽培种，一二年生草本植物。由于苦苣的适应性、耐热性、耐寒性均较强，且极抗多种病虫害，属于绿色有机保健蔬菜，加上其品质脆嫩，清香爽口，略带苦味，具有清热解毒、理肺止咳，益肝利尿，消食健胃，降血脂、血压，预防心脑血管疾病等医学保健功效，可蘸酱生食、凉拌、炒食，做汤或涮食，深受广大消费者青睐。近年来，在各地种植面积逐年扩大，2011年3月，平均每500克售价在1.5元左右，最高售价达5元以上，一般亩产2500~4000千克，经济效益在5000元以上。

二、对环境条件的要求

苦苣喜冷凉湿润气候，种子在4℃时开始缓慢发芽，发芽适温为15~20℃，3~4天出芽，30℃以上高温时发芽受抑制，红光能促进种子发芽。幼苗生长适温10~25℃，叶簇生长适温15~18℃。苦苣属长日照作物，在日照充足环境下发育速度随温度的升高而加快。对土壤要求不严格，但在有机质含量丰富、土壤透气性良好，保水保肥力强的黏壤土或壤土上栽培能获得优质高产。较耐干旱，但叶片生长盛期如缺水则叶小且苦味重。

三、栽培季节和设施

苦苣生长期间对环境条件的要求与生菜相似，但苦苣的适应性、抗热和耐寒能力均比生菜强，因此，基本可周年栽培。在晋南于5~11月均能进行露地生产，在7~8月高温多雨季节如采用拱棚适当遮阳避雨栽培则能显著提高商品品质。在12月至翌年4月可利用两膜一苫或日光温室进行保护地栽培。

四、品种选择

根据当地气候条件和市场需求选择抗逆性、适应性广、产量高、品质优、株型好的苦苣品种，如北京市特种蔬菜种苗公司的细叶苦苣和沈阳市晓春蔬菜种苗商行的菊花苦苣等品种为好，用EM生物菌拌种可提前发芽2～3天。

五、育苗移栽

在秋季也可进行直播，亩用种量200克左右；育苗移栽用种量100克左右，省种子，又利于集中管理和培育壮苗。凡是育苗全过程的旬平均温度高于10℃，可在露地育苗，低于10℃要采取适当的保护设施及两膜一苦环境育苗。

选择好的地块，每10米²施充分用地力旺复合益生菌液腐熟、筛细的有机肥60～80千克，撒匀后与土壤搅拌，做成1.2米宽的畦，整平。播前要将种子进行地力旺复合益生菌液消毒处理，以利于苗齐、苗壮。

播种前先将苗床浇足底水，每亩畦地冲入2千克地力旺复合益生菌液，水渗下后撒种，每平方米用种5克，播后盖0.5厘米厚的细土，视环境温、湿度情况确定是否需要覆盖地膜或加盖小（中）棚及草苦保湿保温。苗床温度应保持在15～20℃，一般3～5天即可出齐苗。当70%幼苗出土后，揭去地膜（气温较低时，在第1片真叶露心时揭膜），并适当通风，防止徒长。

小苗生长到2～3片真叶时分苗，分苗畦要精细整地、施肥、整平，有条件的可移栽到营养钵内，缩短定植后的缓苗时间，分苗在下午4点后晴天进行，密度6～8厘米见方。分苗后随即浇水并遮阴，以利缓苗。以后每隔1天浇1次水，一般2～3次后苗即缓好，撤去遮阴。之后进行1次松土，适时浇水，待秧苗长到5～7片真叶时（苗龄35～40天），叶面浇一次1200倍的植物诱导剂，提高抗性。即可定植。

六、定植

选择土质肥沃，前茬施肥多，亩基施鸡、牛粪各2000千克，保水保肥能力强的地块，亩施地力旺复合益生菌液2千克，施50%硫酸钾15千克。及时翻地、耙平。

按株距20～25厘米，行距25～30厘米定植，深度以刚埋没土坨为宜。适当密植可软化下部叶片，提高商品质量。

七、定植后管理

缓苗期浇2次水，水量随秧苗长大逐渐增多，生长盛期保持土壤潮湿，收获期要适当控水，以利贮藏、运输。

苦苣施肥以底肥为主，若底肥充足，可以不追肥，可定期进行根外追肥，即7～10天喷1次腐植酸叶肥或地力旺复合益生菌液。如底肥不足，可在发棵后随水追施1次，陕西绿农生物有机碳系列肥，每亩25～50千克，施50%硫酸钾20千克或地力旺复合益生菌液1～2千克。

八、病虫害防治

苦苣生长健壮，很少发生病虫害。一般虫害为白粉虱、蚜虫等，用植物源杀虫剂——0.5%黎芦碱（600～800倍液）+0.3%苦参碱（800～1200倍液），亩用原液50～75克，每3～4天喷一次，可从根本上控制害虫为害，属于有机食品准用农资。具有触杀和胃毒作用，主要用于防治同翅目蚜虱类；用96%硫酸铜配碳铵300倍液叶面喷洒防治病害；用植物修复素，每粒对水14千克，叶面喷洒，提高品质，愈合病虫害伤口。

九、适时采收

播种后60～75天叶簇旺盛时即可采收，及早采收品质好，但产量低；过晚采收，产量高，但品质差，以心叶黄白色为佳。将苦苣的大量上市期安排在市场供应的高价期，则能实现苦苣生产的高产高效。

第十五节 有机菜心、油麦菜优质高效标准化栽培技术规程

一、平整土地

清除杂物达到临播标准。

二、基肥

按品种需要每亩施堆沤完成的500～2000千克鸡粪、牛粪500～2500千克、地力旺复合益生菌液1～2千克、豆粕、陕西绿农生物有机碳系列肥20～30千克、赛众牌土壤调理剂20～25千克、45%生物钾10～20千克。

三、品种选择与播种方法

（一）品种选择

菜心选用"农悦1号"；芥兰选用"中花1号"；生菜选择意大利生菜和美国"速生101"；大青菜选用日本"夏冠"；油麦菜选用"四季大叶"。

（二）播种方法

①手撒播种。②滚筒播种器点播或穴播。

（三）追肥

出苗后按时定苗、中耕除草、叶面喷施植物诱导剂，赛众28浸出液。壮苗期追肥浇水，亩施45%生物钾10千克配生物菌液1～2千克。产品生长初期，叶面喷700倍液的硼沙水溶液（40℃温水化开），防止茎秆空心。

（四）病虫害防治

应符合《绿色食品农药使用准则标准》，准用苦磢碱，允许使用生石灰、少量硫酸铜铵合剂，用生物菌剂化虫，用硅、铜物避虫，用防虫网防虫，黄、蓝板诱杀害虫。

（五）浇水

根据雨水多少来确定浇水次数。

四、产品收购标准及规格

（一）菜心

茎长13～15厘米（切口至花蕾处），茎粗1厘米以上，无空洞（茎秆中心不发白），花蕾多数不开放（限1～3朵花），叶色青绿，茎秆浓绿，无病叶、虫叶和黄叶，无病斑，无开花、抽薹。

（二）生菜

单株150～200克，翠绿鲜艳，无虫伤，无病、黄叶。大小均匀，无畸形。

（三）油麦菜

茎粗1.5～3厘米，单株重300～500克，叶长25～30厘米，不抽心，无黄叶，花叶，病虫叶。

（四）奶白菜

长度15～17厘米，重120～150克，头（帮板）奶白色，叶色浓绿，无黄叶、花叶、病虫叶。

（五）芥兰

切口至花蕾13～15厘米，限开花1～3朵，叶色青绿，无长叶、无病虫叶、无黄叶，茎粗1～2厘米，无空心（要求株行距离15厘米）。

（六）小油菜（大青菜）

单株重120～150克，长度13～15厘米，叶色浓绿，头大腰窄，无黄、病、花叶。

第十六节 有机芦笋优质高效标准化栽培技术规程

一、品种

选择抗病、优质、丰产品种，如美国玛丽华盛顿500号、王子、冠军、阿波罗、泽西等F_1系列抗茎枯病新品种。新绛主栽高产品种UC-800、157F等。

二、育苗技术

选沙壤质土壤，排水方便，避开林、果、桑园及薯类地，土壤用300倍液的地力旺复合益生菌液喷洒占领生态位。种子用96%硫酸铜300倍液或2.5%的腐钠合剂50倍液，浸泡24小时催芽、种子露白后点播。幼苗12~15厘米高时，用500倍液的铜铵合剂，即硫酸铜25克，碳铵50克对水12千克叶面喷洒，或250倍液的腐钠合剂间隔7~10天一次，喷洒2~3次，防病。

三、营养运筹

鲜秸秆含水分70%~95%，10千克鲜秸秆可产1~1.5千克干秸秆，干秸秆中含碳45%、氢45%、氧6%。1千克碳素可供产鲜叶秆20千克，那么，1千克干秸秆可产鲜芦笋叶秆11千克左右。湿牛粪中含碳25%，那么，1千克牛粪中的碳素可供产鲜叶秆6千克左右。

按亩芦笋1000~2000千克投入，需施相等于干秸秆1000~2000千克或牛粪2000~4000千克，因土壤中要保留一定量的缓冲碳，那么相等于施干秸秆1500~2500千克或牛粪3000~4500千克，这点是增产的基础。

土壤营养平衡需亩保持纯氮19千克，五氧化二磷11.5千克，以基施为主；氧化钾10千克，每千克纯钾可供产笋122千克，亩产1000~2000千克，需施合45%的运牌硫酸钾22~50千克，结笋期施为主。赛众28调理肥25～30千克，以9月份秋施为主，也可做萌芽肥或复壮肥施用，以平衡土壤和植物营养，防治根腐、灰霉、黄萎等因缺素引起的病害。

亩产2000千克芦笋，其施肥方案是：施1000千克鸡粪，含碳250千克、氮16.5千克、磷15千克、钾8.5千克；再施2000千克牛粪，含碳520千克、含氮6.4千克、含磷4.2千克、含钾3.2千克。碳、氮、磷营养满足，尚需在苗期补充少量钾和微稀土元素，如传导素和赛众28等。因富钾田施钾仍有增产作用，所以后期尚需施45%硫酸钾20～50千克。

为了分解有机肥中的碳元素，需在基肥中拌入1～2千克地力旺复合益生菌液，或施绿农生物有机肥50千克固体菌肥保护有机肥中的氮，吸收空气中的氮和二氧化碳，供植物均衡享用。基肥中不需再施氮磷化肥了，中后期每隔15天左右施一次生物菌液，就可以少施氮磷化肥60%左右，即每隔15～20天施尿素8～10千克，为营养平衡。超量多施的氮肥，均会释放到大气中，严重时造成茎秆近地面处萎缩干枯。鸡粪、人粪尿施入过量也会造成植物反渗透，引起茎枯病伤秧。

四、定植

定植前开沟，宽、深40厘米×50厘米，活土与死土分放。将粪肥与生物菌、秸秆、赛众牌土壤调理剂及表土混合后沟施，将死土风化以备芦笋根盘"跳根"上移后覆土用。按品种特性要求，合理稀植，勿稠植，沙壤土适当深栽，苗期遇干旱喷洒生物菌液700倍液促长。植株封垄后，地面见光15%左右时，叶面喷800倍液的植物诱导剂，控秧促根茎发育，提高光合强度。勿与棉花、玉米、蔬菜等高秆作物间套作。没病时每隔7～20天喷一次黄腐酸或铜制剂，15天后用地力旺复合益生菌液防病；发现有茎枯病斑，用100倍液的铜铵合剂涂抹病斑处，一次可愈；病斑较多时可普喷硫酸铜配碳铵（1∶1∶300）防治。提高生根萌芽率和商品率，赛众28中的硅铜钴钛硒等元素可避虫抑虫。

五、田间管理

一是清园，"霜降"后茎叶慢慢变黄枯干，清除干秆残叶，带出笋田焚烧，就地焚烧有利杀灭土壤杂菌，但破坏土壤结构和碳氢氧营养，早春就地焚烧可促进芦笋早萌发，上市早7～10天，但总产量低。二是清园后根盘和行间进行土壤消毒，可亩用生物菌2千克冲施。三是合理采收，头年采收期28天左右，以后每增加一年，采期增加12天左右，硫酸钾和地力旺复合益生菌液结合，可延长采收期5～27天，增产1～3倍，因其有益菌分解有机质碳氢物，将其结团直接转移到新生植物体上的增产作用，是光合作用积累营养的3倍左右。按此法生产，山西省闻喜县川口村李锁龙第3年采笋，亩产1120千克，没施的300～400千克，增产1倍多。山西永济蒲州西厢村李全海、马惠民，常家堡村常建军，北城区庞四存，栲栳大鸳鸯村李新虎（94亩），亩施入固体菌肥50千克拌钾肥15千克左右，比没施的增产40%，1.6厘米粗以上优质笋占65%，亩产1000千克左右。山西新绛县南平原卫加力等多数农户，2005－2006年亩施生物菌50千克，产量均在1000千克以上。山西侯马农业局长葛耀文2006年亩高达1300千克，收入1.6万元。谨防掠夺式超时限、超长度采收，造成芦笋抗逆性下降而根腐或茎枯。四是停采后撤垄晒根盘，伤口用农抗120或有益生物菌浇灌。五是停采后就新抽生的嫩茎长至12～15厘米时，用大生M－45加黏合剂加水，1∶0.1∶20配成药液，或用硫酸铜300倍液，植物修复素1粒对水10千克，用毛刷和棉球蘸药涂抹嫩茎基部伤口。六是7～9月多雨高湿高温时季节，易染茎枯病，要重点防治。七是植株过密、畸形、弱枝、病枝、枯死茎秆拔除或疏剪，每穴留健壮茎10个左右，以利通风透光，防止病虫害。八是未成年笋田留足母茎采笋，可提高总产量和总收入，延长采笋期，还可防止茎枯病，是光合作用增加笋盘活力和提高抗逆力的效果。九是追肥，停采撤垄后，饼肥25～50千克拌地力旺复合益生菌液1～2千克，或生物菌固体肥50千克拌硫酸钾10千克左右。立秋后，还应追施一次肥料，养株壮根，为翌年芦笋增产奠定良好的营养贮备基础。

六、留母茎新技术

依靠上年夏、秋光合作用积累到鳞盘中的营养是有限的，利用早春光合作用亦可大量提高产量。留母茎即是在培土垄上，在谷雨后10天左右（晋南在4月底），每丛株留2～3根茎株，让其长高，利用母茎叶面积光合作用和早春昼夜温差制造营养，晚上将有机物转移到其他嫩茎上，加快生长速度，比不留母笋可增产1倍左右，采笋期可由2个月延长到4个月。

母茎宜选直径1～1.2厘米，茎直饱满，健壮无病的嫩茎，第一年留2～3根，以后每年增留1株，最多一丛不超过6株。母茎不宜留在一平行线，应错开，间隔6～8厘米，植株长到1米左右高时摘心，叶面喷植物诱导剂控秧防徒长，可提高光合强度50%～400%。

七、投物分析

芦笋产量和质量生命周期规律呈马鞍形，即栽植2～3年后产量、质量大幅提高，直达8年趋高、优态势，群众收入大且易心血来潮，盲目投入，有的人一次亩施未灭菌腐熟的有机粪肥1万千克，营养不平衡，造成土壤浓度过大而死秧；加之夏、秋养根阶段习惯于让植株任其生长，杂草丛生，或与棉花等高秆作物套间作，影响宿根积累营养。3～5月份采收时细笋比例多，产量低。三是掠夺式经营，定植密度过大、植株过旺，排水不畅、透光不良，一味追求高密短期高产，赶价格，搞上两年，捞一把完事。却不知，高密通风不良，易造成毁灭性病害，严重浪费自然资源。在高湿高温期对茎枯病和根腐病没有应变防治办法，结果造成大面积的地上部枯干。2006年晋南芦笋茎枯病发病率达55%左右，严重地块枯干率达80%。四是用药浓度过大，有些超过说明稀释浓度的3倍，结果不是药液渗透性差效果不好，就是灼伤叶秆。五是超长采收，伤及鳞芽盘上的嫩芽，伤口过大而染病，或延后采收，使幼芽失去营养自保能力而枯竭。六是不留母茎，"剃光头"采收，总产量低。七是渺视虫害防治，梢枯、死苗，多按病害对待。

投入产出核算，亩施鸡粪1000千克80元；牛粪2000千克120元；生物菌肥50千克90元；地力旺复合益生菌液5千克100元；钾肥50千克120元；浇水200元；其他200元，用工60人，1200元，合计投入2110元。

2009年4～6月新绛市场芦笋收购价6元/千克，亩产笋1000～2000千克，产值0.6万～1.2万元，减去成本2110元，纯收入4000～9000元。

第十七节 有机大蒜优质高效标准化栽培技术规程

一、土壤

山东成武县位于山东省东北角、金乡县西、山东金乡大蒜产区的周边地域。就成武而言，东边是蒜区，城周围及西片为粮食产区。据内部资料显示，2007年成武县土壤化验结果，有机质1.2%，全氮0.982克/千克，碱解氧64毫克/千克，速效磷20.2毫克/千克，速效钾124毫克/千克，这个化验结果是粮区还是蒜区不得而知。但一般种蒜，都是以化肥为主，从2009年施用40千克有机肥，棉蒜连作，基施肥一般为氮磷钾15-15-15复合肥150千克，旋耕后作畦种植，年后再冲些肥。从2009年起，蒜价上扬，"清明"节后浇一水，部分地块蒜株迅速全部发黄，继尔慢慢枯死，用生物菌液亩2千克，蒜株叶不发黄，但由于2次生长势旺，提薹后4天就刨了蒜，产量提高不明显。

山东成武县大蒜栽培资料上说：①施有机肥80～100千克；氮18千克，五氧化二磷12千克，氧化钾16千克；②追肥氮9千克，氧化钾8千克。亩总施肥量氮27千克，磷12千克，钾24千克，常规产干蒜1200千克左右。

二、投物方案

第一，关于有机碳素肥。山东成武县种植为一蒜一棉之道路已有10多年，作物秸秆欠缺，群众又怕麻烦，劳动量大，没人乐于去做。因此，计划：一是棉花接茬地块，每亩用含碳素物30%有机肥120～200千克。以120千克为例，碳=30%×120千克=36千克，每千克碳素能产植物体24千克，故能达到产生新植物体864千克，不足碳由施地力旺复合益生菌液从空中吸收及光合作用补充，施碳素肥为地力旺复合益生菌液的繁衍提供食粮，可不再出现黄叶现象，且能盼再增加300千克蒜头，达到每亩1500千克干蒜头为目标。

第二，如果接茬作物为玉米，亩可供干秸秆500千克以上，有机碳素足够，计算如下：碳=500千克×45%=225千克，每千克碳素能产植物体24千克，故能达到产生新植物体5400千克，设想产鲜蒜头2000千克，蒜衣含水量所占大蒜20%左右，余碳产干蒜1600千克。

因土壤中要吸附贮存20%左右碳素物，所以宜多施30%左右碳素肥。关于氧化钾，秸秆或有机肥中的氧化钾忽略不计，每亩施用氮6%，陕西绿农生物有机碳系列肥200千克，生长中期冲

51%硫酸钾20千克，可供长蒜头、蒜薹3000千克以上。或有机肥施入含钾51%的硫酸钾60千克。

三、施肥

　　亩基施含钾15%绿农生物有机钾肥80千克，含氧化钾15千克，定植时冲入2千克地力旺复合益生菌液，使秸秆、土壤中的上年蒜须根等 碳物质充分分解，利用率由自然杂菌的24%左右，提高到100%以上，除臭化卵，使成虫不会产生脱皮素而窒息死亡，在长蒜薹葱头期，亩施51%硫酸钾25～30千克，因该地土壤中含钾较为丰富，速效钾达124毫克/千克，而高产要求为240毫克/千克，虽然高钾田仍有增产作用，但钾浓度过大，会向高投入低产出方向逆转。

　　每千克钾能供产鲜蒜头、蒜薹170千克，长全株240千克，叶皮可消费70千克左右，蒜头、蒜薹消耗170千克，大约蒜薹占25%，蒜头占75%，以上投入碳钾即可达合理亩产2000千克鲜蒜的生长要求。

　　至于传统亩施过磷酸钙（有机生产准用）、二铵、硝酸磷（有机生产不准用）等含磷肥料。且用生物技术分解土壤中磷，其有机生物肥和秸秆中的磷已足够用，每千克磷可供产蒜头660千克，需用量又小，故不再考虑施磷。

　　生物有益菌液在大蒜返青后，蒜薹、蒜头形成期各冲入1千克，并在大蒜叶片占地面70%左右时，及早喷1～2次植物诱导剂800～1200倍液，叶旺时按亩50克原粉，用开水冲开，放24～48小时，对水40千克叶面喷；叶矮时对水60千克叶片喷洒，大致亩投物量及价值为：

　　方案一：生物有机钾肥（含钾15%）120～200千克，180～300元。产品为有机大蒜；

　　方案二：严重缺肥地块，施三元复混肥（含氮磷钾各15%），

300元。产品无公害大蒜。

地力旺复合益生菌液5千克100元；植物诱导剂50克25元；51%硫酸钾25～40千克100～140元，合计亩投入525元左右。

第十八节 有机豆类优质高效标准化栽培技术规程

一、品种选择

选择适应性广、抗病、抗逆性强的优良品种，主要选择青豇80、之豇等豇豆；白不老、绿丰、四季豆等架豆品种。

二、 育苗

1.种子选择

根据种植季节和方式，选择有机种子，只有在得不到经认证的有机种子的情况下，使用未经禁用物质处理的常规种子。

2.消毒

配制55℃1%的高锰酸钾溶液，浸种15分钟，然后用清水洗净种子。

3.播种

营养土按草炭∶蛭石3∶1的比例配制，每立方米营养土中加高效肥料10千克，将消毒好的种子点入装满营养土的穴盘（50孔）、或营养钵8×8中，每穴二、三粒，上覆1.5厘米厚营养土，浇透水，放入苗床。

4.苗期管理

出苗前保持温度白天25～30℃，夜间17～20℃，出苗后降低3～5℃。根据湿度及时浇水。防病用100倍复合益生菌液喷雾，防虫可用5%天然除虫菊酯1500倍液喷雾。定植前降温练苗。

三、定植

1.整地施肥

每亩施腐熟牛粪2000～4000千克，鸡粪300～400千克，复合益生菌液2千克，冲入含量50%天然矿物硫酸钾20～30千克。

2.定植与密度

根据品种特性和栽培条件确定适宜的密度，温室大行距70厘米、小行距60厘米，株距30厘米，亩定植3000株。定植时浇足定植水，密闭温室提高地温，白天温度25～30℃，夜间18～20℃，缓苗后，昼夜温度降低5℃，加大通风。

四、田间管理

1.采收前管理

缓苗后10天左右，每亩穴施鸡粪100千克，并浇小水。然后松土促根控秧。白天温度22～27℃，夜间13～18℃。株高10～15厘米时吊绳、盘头。

2.收获期管理

温度白天25～30℃，夜间15～20℃，加强通风换气。第一批豆花收获后，冬季每隔5～7天浇清水一次，夏季每隔3～4天浇清水一次。每隔10～15天，每亩用100千克鸡粪加200千克水浸泡2天后的过滤液滴灌一次。叶面喷施符合《含氨基酸叶面肥料》和《含微量元素叶面肥料》技术要求的叶面肥。

五、病虫草害管理

遵照"预防为主，综合防治"的原则，以农业防治为基础，选用抗病品种，应用生物技术，实行倒茬轮作，加强肥水管理，保护生物多样化和生态环境，保持生产发展的可持续性。

1.病害

及时清洁棚室，翻地，高温闷棚杀菌消毒。采用高温

45～50℃闭棚2小时的方法，防治叶斑病、炭疽病等。防病用复合益生菌液300倍液喷雾，防治叶斑病、炭疽病、灰霉病。

2.虫害

采用频振式杀虫灯、黄板、蓝板诱杀。安装防虫网。用5%天然除虫菊酯1000～1500倍液或0.6%清源宝（苦内酯水剂）800～1000倍液防治蚜虫、斑潜蝇、白粉虱等害虫。

3.草害

采用作物轮作、人工拔草、锄草方法清除草害。禁止使用任何化学除草剂。

第十九节 有机莲藕优质高效标准化栽培技术规程

一、栽培模式

①长江流域及湖北武汉以南为主的水田莲藕，瓜少而短，用传统技术种植的红莲藕品种，亩产1500千克左右。②以黄河及汾河流域两岸冲积土为模式的泥田莲藕，传统做法种植白莲藕亩产2000千克左右。③近年来各地在壤土地上挖池，用砖、水泥构固的藕池或者用不缝布、铝泊纸垫底下铺的藕池，靠地下井水灌浇栽培的莲菜，亩产藕2000～3000千克。而用生物技术，同样的基础条件，产量可达4000～6000千克。

二、品种选择

新绛白莲藕纯白花或个别花瓣缘为淡粉色。一般化学技术每根藕长4节左右，亩产2000千克左右。而用生物技术每根藕可长5～7节瓜，产4000～6000千克。

新绛莲藕可追溯到1500年前的隋朝，花和莲籽少，每株1花为多。叶大80～90厘米，柄高1.8～2.1米，主藕用传统技术长

4~5节，用生物技术可长7~8节，瓜长15~20厘米，粗9~12厘米，气孔0.3~0.6厘米，总长120厘米以上，肉厚1~1.2厘米，把长40~60厘米，共11眼，藕芽为紫红色，成藕皮为白黄色，有自然小斑点，去皮肉为乳白色。藕头生食脆甘，莲藕油炸食脆香，炒食内脆外滑，水焯食感清脆，无纤维感，蒸煮食软绵拉丝。入泥30厘米，中晚熟，8月下旬充分成熟。这时藕食感硬，待霜降后，叶片冻枯，叶秆钾充分转移到藕瓜上，藕丰满，淀粉转变成多糖、味变甜。

三、藕种准备

选用整藕带子藕芽作种为好，4月上旬从上年生产田带少量泥挖起，无大损伤，不带病，随挖随栽，保持新鲜，室内或途中保存不超10天，每亩种藕450千克。保证种藕不脱水，选上年长势旺的地域留种，以达健壮，优良繁延。有黄褐色藕心地域藕不能留种。

四、藕池准备

选择有纯净泉水和河水两岸，进排水方便的地块，pH值为6.5~8，偏碱土壤施石膏80千克，偏酸土壤施生石灰100千克，藕地以方形或生长形为宜，面积以每沌150~300米^{2}为度，堰底宽80厘米，顶宽50厘米，高66厘米，踏实，池与池之间可自然流水。池面整平，可存10~40厘米深水，亦可放完积水。

五、栽培技术
（一）施足有机碳素肥

按亩产6000千克投肥，需施鸡、牛粪各2000~2400千克，每千克含水或杂质50%，含碳22%左右，可供产藕2.5千克，总含碳量可供产藕5000~6000千克；或者用每千克45%干玉米秸秆，按产5千克莲藕投入，需施1000千克左右，加鸡粪1000千克，可满足亩产藕6000千克的碳需求，因土壤中要滞留30%左右缓冲有机碳素肥，尚需增施牛、鸡粪1000千克，亩基施绿农生物有机肥80～120千克，或干秸秆300千克左右，为碳供应满足。

第一年新开藕池，将玉米秸秆或肥施入池内，约厚15厘米，鸡粪需提前15天沤制发酵，用生物菌液喷洒即可。有机肥上覆盖3～5厘米厚土。第二年之后，在挖藕前将秸秆等粪肥撒在地面，在挖藕翻土时，将粪肥埋在耕作层5～10厘米。

（二）施钾肥

在定植时，每亩施入赛众调理肥25～75千克；在开花期分二次冲入50%天然矿物钾50～60千克，按每千克产藕80千克投入，为钾投入满足。

（三）整地挖穴

地要整平，以免深处积水多，地凉；浅处着生杂草，浪费阳光和营养。按穴长1米，宽0.6米，深15～17厘米，行穴梅花窝，边行藕头朝池内，距埝2米远，每亩挖100穴左右。

（四）备种栽植

每亩种藕350～500千克，每穴施整条种藕一根或前三节藕1.5～2根，有子藕芽12～15个，种藕头朝下，30°斜放穴内，后把外露少许。种藕入穴一正一反摆放，周围施生物有机肥，亩陕西绿农生物有机碳系列肥80～160千克，或施入玉米秸秆，用微乐土生物菌液喷洒后，覆土20厘米左右，一般种藕藕头可分生3条子藕，2～3节处着生一条子藕，第3～4节处可着生2～3条子藕，第5～6节可着生3～4条子藕，即用生物技术每个种藕可长成10～15根子藕，每根子藕重3.5～6千克（包括孙藕），重40～60千克，用生物技术每亩可产5000～6000千克。

（五）浇水

定植后浇水15厘米深，中后期保持30～40厘米水深。若用井水，抽出来最好晒2～3日后再浇入藕田，以防温度过低，使种藕受凉，生长变慢。生长期勿大换水，保持微小流动，雨后及时排水至原位。

（六）追肥

在基肥施足的情况下，栽后随浇定植水每亩冲入每克含益生菌20亿的生物菌液2千克。7月上旬待开花初期冲入50%天然矿物钾25～30千克，7月下旬藕瓜膨大期再冲入20～30千克，中间可冲入生物菌液1～2次，每次2千克，提高有机肥的利用率，防治病虫害，用生物技术管理莲藕，一般不必换土倒茬，不存在土传病问题。

（七）控秧促瓜

用植物诱导剂800倍液或植物修复素每粒对水15千克，加入少许洗衣粉作粘着剂，在早期叶面喷洒，提高荷叶光合作用能力，控荷叶过大，茎秆过高，使营养向地下藕瓜内转移。

（八）适当伤叶

在生长中后期，用方便办法打击叶片，使莲叶上造成少量创伤，从而打开植物次生代谢功能，使没有合成有机物的矿物营养在作物体内循环，减少回流到根系部，提高营养合成速率，即提高产量和品质。

（九）整头

下种15天后，走茎要定向发育，发现走茎向地堰生长，轻轻将其生长点弯移至池内稀疏处，走茎头与幼藕露土要及时用泥土埋住。

六、采收保管运贮

挖前浇一水，待泥土疏而不流时，顺地埂挖一深40厘米的壕，依藕把创开围泥抽挖。用手将藕把抓紧，把泥从把至头摸下，形成一薄泥层护藕，无铣伤带把连头起出。

备长圆形藕篓，将藕头朝下倾斜45°放入篓内，用被子盖好防冻或防脱水，放入地下窖，喷洒每克含量20亿个菌的地力旺复合益生菌液100～200倍液，分级用纸包装，装纸箱运出销售。不受冻、不受热腐烂变质。禁止用有毒塑料袋包装。

七、投入产出概算

预定藕种450千克1800元；生物菌有机肥80～160千克，160～320元，或液体5千克125元；牛鸡粪1000千克或皮渣子200千克70元，人粪尿2000千克130元，干秸秆2000千克或牛粪4000千克200元，土地费400元，浇水350元，用工600元，硼、钾肥180元，植物诱导剂和修复素130元，共计3960～4180元。

亩产莲藕5000千克，2011年新绛县蔬菜批发市场8～11月最低价每千克3.2元，2012年元月最高价每千克6元，平均价4元，产值2万元，减去投入4000元，纯利1.6万元，投入产出1：4。20世纪末绛州盐渍莲菜就行销日本，2003年华联超市盐渍莲菜片每100克20元。

八、典型实例

山西省新绛县白村有机莲藕专业合作社、新绛县符村清水莲藕专业合作社2012年3月经北京五洲恒通认证公司认定为符合有机食品生产环境质量标准要求，并给予聘证。

2005年，山东省费县藕田内5～10厘米深处，施10～15厘米段长的玉米秸秆15厘米厚，用益生菌分解，350公顷面积平均亩产藕4923千克。

山东省平邑县种藕户武京玲与崔凤美合作，选用白莲藕品种，像胶布填底保水（每亩用物3000元），生物发酵有机肥（秸秆、鸡粪、土各1/3，厚15厘米），每穴放种藕10千克左右，4～5枚，藕头向四方摆，每亩栽260穴，保持浅水，控秆勿过高，到10～12月采收，一株产藕25～30千克，亩产6500千克，每千克售价10元左右，收入6.5万余元（2012年3月22日中央二台报道）。

第二十节 有机冬瓜优质高效标准化栽培技术规程

一、品种选择

选择适应性广、抗病、抗逆性强优良品种，主要选择一串铃等品种。

二、育苗

1.种子选择

根据种植季节和方式，选择有机种子，只有在得不到经认证的有机种子的情况下，使用未经禁用物质处理的常规种子。杜绝使用转基因作物品种。

2.温水烫种

配制55℃0.1%的高锰酸钾溶液，浸种15分钟，然后用清水洗净种子，放入30℃的温水中浸泡12小时。

3.催芽

烫种后将洗净的种子，晾去表面水分，用干净的湿布包好，在25～30℃的条件下经2～3天出芽。

4.播种

营养土按草炭：蛭石3：1的比例配制，每方营养土中加腐熟鸡粪10千克，将催好芽的种子点入装满营养土的穴盘（50孔）、或营养钵8×8中，每穴一粒，上覆1.5厘米厚营养土，浇透水，放入苗床。

5.苗期管理

出苗前保持温度白天25～30℃，夜间17～20℃，出苗后降低3～5℃。根据湿度及时浇水。防病用复合益生菌液300倍液喷雾，防虫可用5%天然除虫菊酯1000～1500倍液喷雾。二叶一心时可用双和天然植物生长调节剂500倍液喷施叶面。定植前降温炼苗。一般苗龄30～35天。

三、定植

1.整地施肥

每亩施腐熟牛粪4000～6000千克，鸡粪300～400千克，复合益生菌液2千克，钙镁磷肥20千克，冲入含量50%天然矿物硫酸钾80～100千克。

2.定植与密度

根据品种特性和栽培条件确定适宜的密度，温室大行距70厘米、小行距60厘米、株距35厘米，亩定植2800～3000株。定植时浇足定植水，密闭温室提高地温，白天温度25～30℃，夜间18～20℃，缓苗后，昼夜温度降低5℃，加大通风。

四、田间管理

1.采收前管理

缓苗后10天左右，每亩穴施鸡粪100千克，并浇小水。然后松土促根控秧。白天温度22～27℃，夜间13～18℃。株高10～15厘米时吊绳、盘头、打须、打杈。

2.收获期管理

温度白天25～30℃，夜间15～20℃，加强通风换气。根瓜收获后，冬季每隔5～7天浇清水一次，夏季每隔3～4天浇清水一次。每隔10～15天，每亩用100千克鸡粪加200千克水浸泡2天后的过滤液滴灌一次。或每亩穴施鸡粪100千克，硫酸钾3～5千克。叶面喷施符合《含氨基酸叶面肥料》和《含微量元素叶面肥料》技术要求的叶面肥。

五、病虫草害管理

遵照"预防为主,综合防治"的原则,以农业防治为基础,选用抗病品种,应用生物技术,实行倒茬轮作,加强肥水管理,保护生物多样化和生态环境,保持生产发展的可持续性。

1.病害

及时清洁棚室,翻地,高温闷棚杀菌消毒。采用高温45～50℃闭棚2小时的方法,防治白粉病、炭疽病等病害。地力旺生物菌液(每克含菌20亿以上)300倍液喷雾防治白粉病、炭疽病。细菌性角斑病用72%农用硫酸链霉3000～4000倍液喷雾或DT杀菌剂700倍液喷雾。枯萎病用2%农抗120水剂150～200倍液喷雾。

2.虫害

采用频振式杀虫灯、黄板、蓝板诱杀。安装防虫网。

用5%天然除虫菊酯1000～1500倍液或0.6%清源宝(苦内酯水剂)800～1000倍液防治蚜虫、红蜘蛛、茶黄螨、白粉虱等。

3.草害

采用作物轮作、人工拔草、锄草方法清除草害。禁止使用任何化学除草剂。

第二十一节 有机大葱优质高效标准化栽培技术规程

一、品种选择

选择适应性广、抗病、抗逆性强的优良品种,主要选择山东章丘大葱等品种。

二、育苗

1.种子选择

根据种植季节和方式，选择有机种子，只有在得不到经认证的有机种子的情况下，使用未经禁用物质处理的常规种子。杜绝使用转基因作物品种。

2.播种

每年9～10月份，选择土壤疏松，肥沃，保水力强的地块，每亩施熟牛粪4000千克，鸡粪肥100千克，复合益生菌液2千克，翻地搂平，撒播，每平方米15～20克种子，播后盖1～2厘米细土，浇水保湿，覆盖遮阳网。

3.苗期管理

每亩用50千克鸡粪加200千克，复合益生菌液1千克，水浸泡两天后的过滤液随水浇灌1～2次。

三、定植

1.整地施肥

每亩施腐熟牛粪2000～4000千克，定植沟内施入鸡粪300千克。复合益生菌液1千克，含量50%天然矿物硫酸钾20～30千克。

2.定植与密度

第二年四月中下旬定植，沟深50厘米，行距80～100厘米、株距5厘米。定植时浇足定植水。

四、田间管理

缓苗后15天左右，每亩施200千克鸡粪，配合中耕。7～8月份，再施一次。生长期间进行3～4次培土。

五、病虫草害管理

遵照"预防为主，综合防治"的原则，以农业防治为基础，选用抗病品种，应用生物技术，实行倒茬轮作，加强肥水管理，保护生物多样化和生态环境，保持生产发展的可持续性。

1.病害

及时清洁园田埂。用复合益生菌液300倍液喷雾，0.5%波尔多液防治疫病、紫斑病、锈病原等。

2.虫害

采用频振式杀虫灯、黄板眼诱杀害虫。用5%天然除虫菊酯1000~1500倍防治潜叶蛾等害虫。

3.草害

采用作物轮作、人工拔草、锄草方法清除草害。禁止使用任何化学除草剂。

第二十二节 有机抱子甘蓝优质高效标准化栽培技术规程

一、品种选用

大棚栽培宜选用早熟品种，如日本的早生子持。

二、育苗

播种后苗床保持22℃左右，出苗后保持18℃，分苗前再降低2~3℃，缓苗前保持22℃，缓苗后保持18℃，定植前降至12~13℃炼苗。

三、定植

2月中旬，当幼苗具有5~6片真叶，苗龄40~50天时，及时定植，定植前20天大棚扣棚，定植前一周要施基肥、整地，每亩施优质堆厩肥2500千克以上，复合益生菌液2千克，含量50%天然矿物硫酸钾20千克左右，土肥混匀后，做成连沟1.2米宽的高畦。按40～50厘米株距，每畦栽2行，亩栽2000株左右。栽时要多带土块，以保护根系，及早缓苗。

四、田间管理

1.大棚温湿度管理

抱子甘蓝茎叶生长期要求温度稍高，即平均20℃左右，结球期则要求较低温度，适温为10～13℃，温度高于25℃时对叶球形成不利。可按此目标进行管理。

2.水肥管理

抱子甘蓝喜湿润，生长期间要经常浇水，保持土壤湿润，但也不能积水。总之，土壤不能过干过湿。除施足基肥外，生长期间，养分要求充足供给，多次追肥。第1次活棵肥，复合益生菌液2千克，在定植活棵后，浇轻粪水10千克或复合益生菌液2千克；第2次催苗肥，在定植后半个月，每亩施2000千克的人粪尿；第3次，重施拔节肥；第4次腋芽萌发肥，在拔节肥施后7～10天进行，复合益生菌液2千克；以后在每次采收后轻施一次肥水，含量50%天然矿物硫酸钾10～15千克。也可叶面喷施0.3%磷酸二氢钾，每5天1次，连喷3次。

3.中耕培土

结合浇水和施肥经常中耕松土，由浅而深，当中部产生叶球时，应及时进行根际培土，并设支架以免植株倒伏，影响叶球的形成。

五、病虫草害防治

病害主要有立枯病、霜霉病、黑腐病等，虫害主要是菜青虫、小菜蛾和蚜虫。防病用复合益生菌液300倍液喷雾。

六、采收

当叶球长到4厘米高，直径2～2.5厘米大小，结球紧实时即可采收。采收时自下而上顺次进行，及时采收并疏除基部老叶，可促进植株生长，温度较高时，包球不紧，而且有裂球现象，这种叶球更应早采收，否则会妨碍后形成的叶球紧实度。抱子甘蓝大棚春栽4月下5月上开始上市，每株可收40～60个小球，亩产800～1200千克。

第二十三节 有机芹菜优质高效标准化栽培技术规程

一、种子选择

品种选择选用高产优质、抗病虫、抗逆性强、适应性广商品性好的芹菜品种。

二、种子处理

（1）培育无病虫壮苗。

（2）育苗场地育苗场地应与生产田隔离，实行集中育苗或专业育苗。

（3）育苗土配制用3年内未种过芹菜的园土与优质腐熟有机肥混合，有机肥用量不低于30%。

三、苗床管理

苗床地应选择地势高、排水通畅、土质疏松肥沃的无病地块或铁网高床。冬春季育苗苗床最好避风向阳，夏秋季和南菜北运基地育苗苗床最好选择易通风散热的地块。

（1）冬春季使用营养钵和穴盘进行育苗，采取防冻保温措施，适时揭盖覆盖物，只要苗床温度许可，就应及时揭去覆盖物，增加光照，以提高幼苗抗病能力。

（2）夏秋季使用防虫网结合遮阳网进行避雨育苗，减少育苗过程中遭受不良天气的影响，实行科学管理。

（3）严格控制好苗床水分。无论是冬春季还是夏秋季育苗，苗床土壤湿度和空气湿度是苗期病害发生轻重的关键因子，特别是冬春季育苗，苗床浇水的时间是晴天上午10∶00～12∶00，浇水后中午应放风降湿。

（4）降低土壤湿度，提高土温是减轻冬春季蔬菜幼苗沤根。

（5）加强苗床检查，发现病毒病、灰霉病、菌核病、立枯病零星病株应及时去除，达到控制苗期病害蔓延的效果。

四、定植

施用优质腐熟有机肥4000～5000千克、含量50%天然矿物硫酸钾20～30千克。复合益生菌液2千克，整地施肥后，将土壤犁翻20厘米后扣棚，高温晒棚7天。

五、设施蔬菜"两网一膜"安全生产技术

设施蔬菜"两网一膜"技术是采用遮阳网、防虫网和塑料薄膜的有效利用。一是在日光温室内加盖地膜，可使地温增高2～3℃；设置小拱棚可使小拱棚内温度保持在10℃以上，一膜可起到良好的保温、增温效果，能保证喜温果菜在寒冷季节的正常生长。二是设置防虫网、遮阳网。随着气温升高，在放风口处覆盖防虫网，减少害虫传播，从而降低化学农药的使用，各地可根据当地主要虫害种类选择不同目数的防虫网。夏季覆盖遮阳网可有效调节棚室内温度，创造蔬菜适宜生长的环境。"两网一膜"是一项无公害蔬菜生产的重要措施，适宜于全疆范围内推

广。深翻松土可以改变土壤生态条件，抑制病虫害发生和繁殖，通过深耕，可将土壤中的病菌和虫害翻至地表，把遗留在地面上的病残体、越冬的病原物的休眠体，翻入土中，加速病残体分解和腐烂。

六、物理防治

在高温季节进行土壤消毒：在夏季高温期间在大棚两茬作物间隙，进行灌水，加入石灰氮，然后在畦面上覆盖塑料薄膜。利用太阳能～石灰氮消毒技术对土壤和基质进行高温消毒。

日光温室中悬挂黄板或蓝板，涂上机油，诱杀对黄色和蓝色有趋性的害虫。

使用225目白色防虫网。在春秋多种蔬菜害虫旺发阶段对日光温室进行全程覆盖。

七、生物防治

生物农药农抗120可以防治多种蔬菜霜霉病、炭疽病、黑斑病、角斑病等；井冈霉素防治猝倒病、白绢病等。

在生长期利用83增抗剂、N14、S52、病毒A等弱毒疫苗喷洒植株可提高番茄、辣椒等蔬菜对病毒病的抵抗力。

应用农药苏云金杆菌、白僵菌以及颗粒体病毒等可用于防治菜青虫、小菜蛾。

在日光温室内悬挂寄生蜂丽蚜小蜂的卵卡或释放丽蚜小蜂，能减轻白粉虱的为害。

赤眼蜂防治棉铃虫、菜青虫。

植物源农药的使用：百草一号、苦参碱、烟碱。通过夏季闷棚进行土壤消毒，得到防治杂草的效果。对土壤和基质实行全膜覆盖，控制杂草的生长。喷施酸度4%～10%的食用酿造醋，消除杂草。

第二十四节 有机芜菁优质高效标准化栽培技术规程

一、整地

土壤的有机质含量高、疏松、排灌良好。前作收获后及时翻耕，每亩施2500千克腐熟的土杂肥或1500千克，复合益生菌液2千克的人粪尿作底肥，含量50%天然矿物硫酸钾20～30千克。土肥混匀，然后耙平，做成深沟高畦。

二、育苗

芜菁在南方都行育苗移栽。在处暑前后（8月下旬）播种，一般每亩苗床播种量750～1000克，可供4公顷大田栽培。种子下地后，可用40%～50%的人粪尿浇地面，以后要保持土壤湿润。出苗后每隔2～3天要浇一次稀粪水（15%～20%）。苗期注意适当间苗，防治病虫。20～25天苗龄，4～5片真叶时即可定植大田。

三、管理

移栽时如遇干旱，要进行灌溉，待土壤不干不湿时整地做畦，这样土壤水分较多，栽植容易成活。定植要选择阴天或晴天的下午5:00以后进行。整个大田生育期的水分管理以土壤保持湿润为好。收获前半个月土壤要保持干燥，如灌水过多，易使肉质根开裂，降低品质。大田追肥，初期应掌握勤施薄施的原则，随后可逐渐提高浓度。若遇天气干旱，不论肉质根大小，浇施人粪尿的浓度不要超过10%。中耕除草次数不宜过多，一般只进行2～3次。一般在定植后80～90天即可采收上市。

四、恶劣天气发生过程中的管理

（1）连阴雪天的揭盖保温被：连阴天不下大雪时，都要揭盖棉被，争取宝贵的散射光。比晴天晚揭早盖一个小时。

（2）温度过低管理：在连阴天的情况下，蔬菜作物的光合作用很弱，合成的光合产物很少，为减少呼吸消耗，必须降低温度。夜间一般比晴天要低2～3℃。

（3）中午放风换气：在连阴雪天的情况下，呼吸消耗大于光合作用，温室内会积累大量的二氧化碳等有害气体，因此在连阴天3天以上，中午要放顶风1～2个小时。

（4）阴天时的防病措施：阴雨天气大棚内湿度大，不宜喷药，可选用烟熏剂防病，降低湿度。

（5）覆盖物的固定：大风天气白天把透明覆盖物固定好，避免被风吹跑，夜间盖严压好，必要时把棉被等压好。覆盖物一旦被风刮掉，秧苗极易受冻。中后期遇南风天气时虽气温较高，但要避免冷风从通风口直接吹入畦内，以免损伤秧苗。

（6）低温天气的灌水：低温天气苗床要控制浇水，做到营养土不发白不浇，要浇就浇透，尽量中午用同温水浇。

（7）恶劣天气过后，晴天时管理：在持续阴雪天多日，天气转晴后，必须注意观察，发现萎蔫，立即放下棉被，恢复后再揭开，经过几次反复，不再萎蔫后再全部揭开棉被。第二天还要注意观察，如有萎蔫还应进行回苫。一般三天以后才能真正放心。

第四章 有机蔬菜食疗与保健

第一节 番茄营养与食疗

每100克番茄中含蛋白质0.9克，脂肪0.3克，碳水化合物3克，钙8毫克，磷24毫克，铁0.8毫克，并含有丰富的钾、锌等元素和维生素A_1、维生素B_1、维生素B_2、维生素C、维生素P、维生素PP等。此外，还有苹果酸、柠檬酸（有助于胃液消化脂肪和蛋白质）、番茄红素、番茄碱（抑菌物质）、谷胱甘肽等（抗衰老素、解黑斑、防皮肤皱），其中维生素PP在蔬菜果品中含量为第一，一般蔬菜煮15分钟，维生素C可损失30%以上，而在酸性环境中维生素会得到保护。

番茄味酸甘、性平、无毒、有清热解毒，凉血平肝，解暑止渴作用。其医疗作用：①维生素P可保护血管，防止高血压。②维生素PP，可护肤，促进红血球形成。③维生素C，保持血管壁通透性，促进伤口愈合，人称番茄是"人体血管卫士"，可防牙周病，出血性疾病等。④维生素A，可保持皮肤弹性。⑤钙易吸收，壮骨强齿。⑥锌能强肾，可防治男性前列腺肥大和不育症。⑦各类酸能帮助消化。⑧果汁中含氯化汞，对肝病有辅助治疗作用，还有抑制真细繁延活动作用。番茄可冷拌白糖，可炒熟浇面条，炒鸡蛋熟食，切片做汤饮食，生吃清热防暑等。每人每天吃100克番茄就可满足多种元素，对人体功能的需要了。

番茄还是一种天然防癌食品，美国从5万人中调查，每周食2次以上的人，前列腺癌危险下降21%～34%。意大利研究表明，每周吃5次番茄者，消化道和前列腺癌发生降低30%～60%，是番茄红素的作用。鲜番茄去皮捣烂，敷皮炎处可杀真菌医病；每天早上吃1个鲜熟番茄可降血压；轻度溃疡，可用番茄和马铃薯汁各半混饮，早晚一次，连10日可愈病。鲜番茄1～2个切片加盐或糖少许，可解暑。番茄和西瓜汁各半混饮，可退高烧。鲜番茄当水果吃半月，可治牙龈出血；用番茄汁加白糖抹面，美容防衰效果极佳。

第二节 茄子营养与食疗

茄子每100克含蛋白质2.3克，脂类0.1克，碳水化合物3.1克，粗纤维0.7克，钙22毫克，磷31毫克，铁0.4毫克，胡萝卜素0.04毫克，硫胺素（维生素B_1）0.03毫克，核黄素（维生素B_2）0.04毫克，尼克酸0.5毫克，抗坏血酸（维生素C）3毫克，尤其富含维生素P，含量最多部位在紫皮与海绵肉结合处，故茄子以紫色为上品。

茄子性凉，味甘、清热、解毒、活血、止痛、利尿、消肿，含有茄碱苷，可降低胆固醇，增强肝脏生理功能。维生素P能增强人体细胞的粘着力，增强毛细血管的弹性，降低毛血管的脆性及渗透性，可防止心脑血管破裂出血，使血小板保持正常功能，并有预防坏血病以及促进伤口愈合功效。因此，常吃茄子对防治高血压、动脉粥状硬化、咯血、紫斑症有预防作用，茄属植物中还含有"龙葵碱"抗癌物质。

茄子切成条块拌上粉面，油炸后拌蒜泥，清脆可口，能增加食欲。茄子爆炒，蒸食拌蒜泥润滑甘甜，能软化血管。秋后即在低温下生长的茄子，质硬，不易蒸软，用此茄子切条放食盐晒腌后炒食，食味如牛肉干。茄子用刀切后，肉面易氧化变黑，及时放入淡盐水中洗挤，再用清水冲洗后，所调茄子菜美观清洁。

第三节 辣椒营养与食疗

辣椒素有刺激性，可温中散寒、驱风、行血、解郁、异滞、开胃。食后心脏跳动、血液循环加快，使人脸红、发汗、全身温暖，因此，在潮湿寒冷时，吃点辣椒可祛湿抗寒。

辣椒的食疗功效是：①冬季常吃点辛辣干辣椒，高温期常吃点甜椒，可防感冒和气管炎，美国洛杉矶居民几乎无气管炎患者，就是习惯于寒时主重食干辣椒，热时主重食甜椒的结果。②身体沉滞，不思吃饭，辣椒、生姜、葱白汤喝一碗，盖被捂1小时，增加胃液分泌，促进肠蠕动，活跃细胞渗透压，可排毒解滞，开胃消食，防治感冒。③将辣椒粉与凡士林（或猪油）混成膏搽患处，可治关节炎、风湿疼、冻疮疼及早期腮腺炎。④疮伤流血，手足裂口，脚气，肾虚乏力，血压高，血脂高。常吃些甜椒可平衡"三高"，养颜、抗衰老、愈伤止血，还能防止角膜炎和坏血症。

甜椒可作为大量蔬菜食用，甚受妇女儿童和怕辣人群青睐。也可生食，可炒肉丝、炒鸡蛋熟食。食辣椒要具本人身体状况酌情用量，谨防多食引起口腔和胃膜充血，造成腹部不适或拉肚。

第四节 黄瓜营养与食疗

黄瓜每100克含蛋白质0.6克，脂肪0.2克，糖7.6克，钙19毫克，磷29毫克，铁0.3毫克，胡萝卜素0.13毫克，维生素B_1、维生素B_2各0.04毫克，维生素C6毫克，尼古酸0.13毫克。

黄瓜清脆味甜，性甘寒，能清热利水，解毒消炎，有些黄瓜把头带苦味，是含葫芦巴碱，具有抑制肿瘤作用。含有丙醇二酸，可抑制糖转化成脂肪，具有降肥健美效果，黄瓜汁擦脸，可展纹嫩肤。因含维生素E丰富，能促进细胞分裂，延缓人体衰老。常食黄瓜，可补脑、增智、强体。

黄瓜的食疗作用：①黄瓜切成条段，浇上芝麻酱、白糖，香甜爽口，清心悦目。②黄瓜切成片丝，浇上醋、蒜泥，降火凉腑。③黄瓜5千克，盐、蒜、糖0.5千克，0.3千克酒，0.2千克食油、生姜，10克味精，鲜辣椒、酱油各1千克，腌10天左右，香甜脆辣，为别具风味的糖醋黄瓜。

黄瓜的医疗作用：①黄瓜捣烂取汁，拌硼砂，涂擦白癜风处有特效。②黄瓜去瓤，每瓜内放5克硼砂，搅化后汁液擦在花斑癣处可止痒杀菌、消炎。③用嫩瓜汁拌蜂蜜同饮，可治小儿热痢。④黄瓜与米醋同煮，一日服3次，可治水肿病。⑤黄瓜去瓤和籽，填入明矾或芒硝末，晾挂数天，待瓜皮冒出白霜，用毛具扫下装瓶，取霜吹入喉，可治咽炎和扁桃体炎。黄瓜含维生素较少，每餐最好配有茄果类和叶菜类及果品食之，保健为佳。黄瓜在生长期易染杂菌和病害，应多洗后拌蒜、醋食用。

第五节 西葫芦营养与食疗

每100克西葫芦瓜肉干物质中含粗蛋白11.5克，粗脂肪1.47克，钙17毫克，磷22毫克，铁0.73毫克；每100毫克鲜肉中含维生素PP0.5毫克，维生素C0.15毫克，维生素$B_1$0.02毫克，维生素$B_2$0.03毫克，维生素$B_6$0.08毫克，并含丰富的瓜氨酸、天门冬氨酸、精氨酸、腺嘌呤等多种氨基酸，其特含有的葫芦巴碱和丙醇二酸等物质，可抑制人体中糖类转化成异常细胞和脂肪，为天然保健食品和减肥美容食品。

西葫芦性凉味甘，具有补中益气，利湿消渴，健脾润肺，消食清火之功效。可以治疗风热或肺热引起的咳嗽、痰出不畅、痢疾、食积伤中、不思饮食、肠鸣泄泻、小儿积食等病症，经常食用对高血压、冠心病、肥胖症有辅助疗效，是食疗兼备蔬菜。

食用法是：幼瓜切片拌少许大肉炒食，润滑浓香；切丝脱水拌粉条、佐料、蒸菜卷，软面可口；切碎方块与豆腐混炒浇面，清香宜人；切大块与粉条、白菜大肉炖吃，宽怀诱人；切丝拌面油炸疙瘩，香口滑肠。

老熟西葫芦肉可自然成丝，开水冲熟，加入精盐、味精、胡椒、香油、姜汁、蒜泥、葱花、醋、辣椒等调料拌匀食用，清脆爽口，如与海蜇皮丝、萝卜丝、莴丝、香肠丝、牛肉丝、鸡丝等相拌，更是色、香、味俱佳。

第六节 冬瓜营养与食疗

冬瓜是一种不含脂肪的低钠食物，每100克可食部分中，含蛋白质3毫克、糖16毫克、钙14.6毫克、铁0.22毫克、粗纤维3克及胡萝卜素、尼克酸和多种维生素，如维生素B$_1$、维生素B$_2$、维生素C等。冬瓜含水量多，肉质细嫩，清淡爽口，消油除腻，荤素皆宜。具有减肥美容，药食兼用之功。在《随息居饮食谱》论述了冬瓜的药理特性，谓其独有"甘平、清热、养胃、生津、涤秽、除烦、消痛、行水、治胀满、泻痢、解鱼酒等毒，诸病不忌"。历代医家对冬瓜的保健作用也有赞论，李时珍的《本草纲目》中更为精辟地记载了冬瓜具有"性凉、味甘、微寒、无毒、入肺胃"的功效。又将其功效认为"去肿、定喘、止咳、化痰、除烦"。另一古医书《本草再新》上也载说冬瓜具"清心消肿、止渴生津、治泻痢、解火热、利湿去风"之功。

冬瓜肉含油酸、亚油酸，可在体内形成活性物质，能抑制体内黑色素的沉积，是良好的天然润肤美容之品。国内外医学最新研究发现，冬瓜是地道的美容减肥菜食，因其含有独特的"葫芦巴碱"和"丙醇二酸"，能够阻止体内糖类转化为脂肪。冬瓜籽含有尿酶、腺酶、组胺酸等成分，葫芦巴碱有清肺热、化痰、排脓、利湿之效，对肺痈和肺热、痰多、咳嗽等疾有功效，对那些因下焦、湿热而引发的白浊等病也大有益处。其皮独有利水消肿之功效，故而于盛暑之际以水煎代茶饮，对疗水肿、尿少而赤色大有作用。冬瓜瓤，挤其汁液内服对治疗糖尿病、口渴等症效果不小，若将其捣烂外敷，对烫伤疗效甚佳。可以嫩叶调以面粉煎饼食之，具有祛热、泻痢之功。将冬瓜藤对水煎后洗脱肛，有独到之效。如若将藤所挤出之水用于洗面、洗澡，可增白皮肤，使皮肤有光泽，是廉价的天然美容剂。

冬瓜不论炒、煮、汤、烧、脍或做脯做馅均可，真可谓物尽其利，诸如像"玻璃冬瓜"，有外酥里甜，鲜美无比之特色；还有"脆炒冬瓜，脆嫩醇香，细软可口，食之回味无穷。尤其是盛夏煲上"冬瓜虾皮煸干笋汤"、"冬瓜榨菜金针汤"、"冬瓜香菇茭笋汤"，食后可使人顿感清淡鲜美，醇香可口，消暑止渴。

第七节 南瓜营养与食疗

每100克南瓜中含蛋白质0.6克，脂肪0.1克，碳水化合物5.7克，钙10毫克，磷32毫克，铁0.5毫克、胡萝卜素0.57毫克，硫氨素0.04毫克，核黄素0.03毫克，尼古酸0.7毫克，抗坏血酸5毫克。南瓜含丰富的瓜氨酸，精氨酸，天门冬氨酸，葫芦巴碱，腺嘌呤，甘露醇等物质。尤其是所含独特的麻仁油酸，硬脂酸可驱虫。南瓜性温，有润肺、益气，补中功效，能保护胃肠道黏膜，促进溃疡伤口愈口。果胶还能和体内多余的胆固醇结合在一起，降低胆固醇含量，防止动脉硬化。鲜南瓜粉能促进胆汁分泌，加强胃肠蠕动，每天吃300克可防止便秘。南瓜粉有促进胰岛素分泌作用，可预防和矫正因分泌紊乱造成的胰岛素缺乏症，即糖尿病。南瓜粉对肾炎、肝炎、肝硬化也有一定疗效。南瓜汁能分解肾和膀胱结石。其医疗价值还有：①青嫩南瓜炒食每天500克做菜，食2个月，可防止糖尿病。②南瓜一个（500～1000克）开口去瓤，将60克蜂蜜，30克冰糖装入盖好，蒸1小时，早晚两次吃完，可防止哮喘。③南瓜瓤去籽捣烂，少加酶片可治疗烧伤，瓜瓤晒干研沫，撒患处，可治外伤和溃疡。南瓜籽仁100克，研烂加水加蜂蜜，空腹服。或榨出醇液饮服。可在1小时内杀死腹中绦虫，并对人体无副作用。④南瓜开口取瓤装入粳米或肉馅，蒸熟同吃，润肝壮气。⑤生南瓜籽20克，去皮捣烂加白糖，开水冲服，早晚空腹各一次，连用3～5天，治产后缺乳，生瓜籽30克，去皮嚼食。每天1次连7天，可防治前列腺炎膀胱。

第八节 苦瓜营养与食疗

甜酸苦辣咸，为人体平衡食味五要素，现代人多不乐于吃苦味，是引起富人病的原因之一。每100克苦瓜中含蛋白质0.7～0.9克，脂肪0.2～0.3克，碳水化合物2～3.6克，纤维0.9～1.6克，维生素C27～97毫克，维生素E0.4毫克，胡萝卜素0.4毫克，硫胺素0.02～0.07毫克，核黄素0.04毫克，尼古酸0.4毫克，抗坏血酸56毫克，钾180～610毫克，钠3毫克，钙8～32毫克，镁13～31毫克，磷21～57毫克，铁0.2～1.2毫克。锌0.08～0.5毫克，锰0.4～0.15毫克等，此外，苦瓜含苦瓜苷，多种氨基酸，吃苦瓜可清热解暑。苦瓜鲜嫩清爽，食之回味无穷，
其食疗作用是：①苦瓜性味苦寒，其中含有胰岛素-P，具有降低血糖作用，治疗糖尿病有效率达80%左右。②苦瓜中含生

理活性蛋白质，能驱使动物体免疫细胞去消灭癌细胞。③鲜苦瓜一个，去瓤切碎，水煎服1～2次，又治中暑，热烦干渴。④苦瓜200克，搅拌取汁，加白糖冲服，一日两次，10日可治痢疾。⑤苦瓜1条，生姜3片，蒸服，每日两次，食后盖被发汗，可治风寒感冒。⑥苦瓜连瓤搅拌敷患出，可治肿疮痱子。苦瓜凉拌食前，用温水浸泡几分钟，可减轻苦味，初食不感到刺苦难忍。脾胃虚寒者慎用。

第九节 甘蓝营养与食疗

每100克甘蓝中含蛋白质1.4克，脂肪0.2克，碳水化合物2.3克，钙62毫克，磷28毫克，铁0.7毫克，胡萝卜素0.33毫克，尼古酸0.3毫克，抗坏血酸60毫克。其含有特殊素——透明质酸抑制物，能抵制人体对亚硝酸盐的吸收及癌细胞的繁殖扩散。

甘蓝又称茴子白、洋白菜。含纤维素较多，可以促进肠壁蠕动，帮助消化，防止大便干燥。叶球中维生素C含量高，对防治坏血病和增强身体抗病能力非常有益。

甘蓝甘温无毒，除胸烦，解酒渴，中止嗽，其食疗保健作用：①鲜甘蓝叶挤汁，略加温，饭前饮服，每次100毫克，一日两次，可治胃及十二指肠溃疡，系维生素的作用。②甘蓝切碎挤水做馅，可补中气，壮精神。③甘蓝叶切片，与瘦猪肉焖食口味香浓，强力利肠。④甘蓝叶切成细丝，浇上花椒油，放少许盐、醋，待10～20分钟，食味清脆浓香，可治气管炎、过敏性皮炎。

甘蓝应先洗后切，不吃烂叶和久存黄叶，现吃现做，不吃隔夜炒熟或调好的菜，以免叶中硝酸盐转化成亚硝酸盐，使人体血液失氧而中毒。

第十节　韭菜营养与食疗

每100克韭菜含蛋白质2克，脂肪0.5克，碳水化合物3.1克，钙53毫克，磷39毫克，铁1.8毫克，胡萝卜素2.6毫克，抗坏血酸20毫克，维生素A、维生素B、维生素C、糖类，且含抗生物质具有刺激杀菌功效。

韭菜又称起阳草，长生韭，生食辛而行血，熟食甘而补中，益肝，散滞、导瘀，具有兴奋人体、通络活血、止血止泻、理气降逆、温肾壮阳、解毒止痛作用。

韭菜的医疗作用是：①韭叶与猪、羊肝同煮食喝汤，对盗汗、肺结核、淋巴结核病有辅助治疗作用。②韭叶或根捣烂，趁热放入醋或酒熏昏迷病人口鼻，能急救复苏。③将韭叶捣烂敷瘀血肿痛处，可消肿止痛。④误吞入金属、难消化物，取鲜韭200克炒食，可排危险物。⑤韭菜捣成泥，用开水泡10分钟，洗脚30分钟，可治脚气。

韭菜纤维韧，味浓香，可以做汤，拌菜中做辅料，做包子、饺子也不宜做主菜，应与甘蓝、白菜、鸡蛋、豆腐配合食用。韭菜还有温阳固精，补肾肝，治疗遗尿、尿频等症。但食量要适当，多食则神昏目眩，消化不良，胃气升者少食。

第十一节　菠菜营养与食疗

菠菜体内细胞含原生质胶着度大，所以耐寒，每100克菠菜中含蛋白质2.4克，脂肪0.3克，碳水化合物4.3克，钙103毫克，磷38毫克，胡萝卜素3毫克，抗坏血酸38毫克，硫胺素、核黄素、烟酸、叶酸0.03～0.4毫克，维生素C20～40毫克，维生素E2毫克，钾160～400毫克，镁39～120毫克，铁1.5～5.9毫克，还有锌、锰、硒、菠菜素等。草酸含量高达0.1%。所以吃菠菜口中有涩感觉，是草酸与牙齿钙结合后形成的草酸钙，所以吃菠菜不利钙吸收，还会障碍肠胃消化。为此，吃菠菜要用开水焯2～3分钟食用。

菠菜可生血、活血、止血、去瘀、防坏血症、肠出血、止咳、润澡、养血、刺激胰腺分泌等功效。

菠菜性甘凉，入胃可消解，使腹内毒与热顺畅下排。菠菜的食疗作用：①鲜菠菜根100克，鸡内金25克，白木耳30克，煮熟后吃菜喝汤。一日两次，可预防糖尿病。②焯菠菜凉拌用，可解毒解酒。③生菠菜调蜜蜂，麻油吃，日两次可医便秘。④菠菜500克与猪肝250克炖食，常用可医夜盲症。幼儿少食，腹泻者禁食，肾炎，下肢无力，胰腺炎，泌尿系统，结石患者不宜食菠菜。

第十二节 芹菜营养与食疗

芹菜每100克含蛋白质21克，脂肪0.3克，钙154毫克，磷9.8毫克，铁23.3毫克，维生素B、维生素C比茄果类、瓜果类均丰，是叶菜类之首。芹菜爽口解腻，能止血养精、保血脉，养血益力，味甘辛，性凉入肺胃经，能解热清毒，宣肺利温，抑制神经病，降血压，含有抑制癌细胞的酶类物质。芹菜脆，与油腻结合，增强食欲。煮熟芹菜与花生凉拌补肾益气。嫩叶开水焯一下，拌玉米面与馍沫蒸食，软绵可口。芹菜秆柄煮熟，挤去余水切碎配肉，做包子和饺子馅心。食味清香。

芹菜的医疗作用：①芹菜叶秆搅烂取汁，调红糖服用可止大便出血。②加醋内服外擦患处，可止腮腺炎。③根茎捣烂取汁服用，每天两次，每次服20毫升，可治小便淋病。④芹菜60克，鸡蛋1个同煮，喝汤吃鸡蛋，可治风火牙痛。

第十三节　香菜营养与食疗

香菜每100克中含蛋质1.7~2克，脂肪0.3克，碳水化合物6.9克，粗纤维0.9克，钙170毫克，磷49毫克，铁4.8~5.6毫克，胡萝卜素3.2~3.7毫克，维生素B0.12克，尼古酸1毫克，维生素E35毫克，嫩茎中还含有甘露糖醇、黄酮疳、正葵醛、壬醛、芳樟醇等挥发油，香菜中还含有雌二醇、雌三醇，这两种激素可调整女性激素水平，促进排卵。

香菜性味辛、温，入肺脾经有发汗透疹，消食下气之功。其食疗作用：①取干香菜20克或鲜品150克。水煎或捣汁服，约60毫升，或做药引煎服，排卵障碍所致不孕症有效率92%，妊娠率35%。②香菜30克，生姜3片，葱白3根，开水泼服可治风寒鼻，感冒或风疹透发不畅，饮食积带，消化不良等。③香菜50克，水煎服或趁热熏鼻，亦可加醋小许擦面部或颈部，可治麻疹透发不畅。④香菜籽研成沫，每次0.5~1克，再用香菜煎服可治神经衰弱。将籽沫用黄酒调服，每次15~25克，可医痔疮。⑤香菜干品100克，浸泡1千克葡萄酒中，15日后服用，可治脾胃虚寒。⑥香菜水煎频服，可治蘑菇中毒，捣成泥状，外敷患处，可愈蜂、蚊、蛇咬伤。⑦香菜150克，红糖50克，水煎服，可治产后缺乳或不孕。单食鲜品有止乳作用。

香菜不可多食，否则多忘、脚软、气虚、胃溃疡、脚气、口臭及服补药者不宜食用。

第十四节　胡萝卜营养与食疗

每100克胡萝卜中含蛋白质0.6克，脂肪0.2克，碳水化合物7.6克，钙32毫克，磷30毫克，铁0.6毫克，硫酸素0.02毫克，核黄素0.05毫克，尼古酸0.3毫克，抗坏血酸13毫克，尤其含胡萝卜素3.62毫克。

胡萝卜美称"小人参"以黄色含营养为丰，可生食，炒食，与牛、羊肉炖食，做包子、饺子馅煮蒸食。其食疗办法：①蒸熟，不加佐料食，可治干眼症，小儿软骨症。②与羊肉做包子、饺子馅或炖食可御寒壮肾，安神稳精。③胡萝卜切成丝，浇花椒油生食，令人健食，有益无损。④炒食、蒸食又健胃，防止贫血，肺结核，食欲不振等。原因是含有9种氨基酸和十几种酶的作用。⑤饮胡萝卜汁，有降压强心，抗炎症和抗过敏作用，能排血液中多余的钾，是琥珀酸钾盐再起溶解作用。从而达到降低血压血脂，促进肾上腺素合成，达到壮体强阳效果。

第十五节 红薯营养与食疗

红薯又叫红苕、甘薯、地瓜、番薯，每100克红薯中含蛋白质1.5克，脂肪0.2克，碳水化合物29.5克，钙18毫克，磷20毫克，铁0.4毫克，胡萝卜素1.31毫克，维生素$B_1$0.12毫克、维生素$B_2$0.04毫克，尼古酸0.5毫克，维生素C30毫克。每100克红薯茎尖叶（15厘米内）含蛋白质2.7%，胡萝卜素5580个国际单位，比胡萝卜高3.8倍，维生素B0.35毫克，维生素C4.1毫克，铁3.9毫克，钙74.4毫克。红薯茎尖被誉为蔬菜"皇后"。

红薯可生食、蒸食、炖食、粥食、粉食、醇酒食，具有预防动脉粥硬化及防癌作用，是含硒等特殊营养元素的功效。

其食疗保健作用：①红薯叶拌面蒸食，有补气疗虚，健脾益胃作用。红薯叶炒食，可预防便秘，保护视力，使皮肤细腻，延缓衰老的美容功效；开水焯食，可防止心血管脂肪沉积，促进胆固醇排泄，提高人体免疫力，降血糖，防止细胞癌变等作用。②

红薯和叶尖烧煮成汤粥食，可保护肠胃，增强食欲。③叶片与黄瓜同煎水服，可降血糖。嫩叶100克，羊胆120克，共煮熟服食，可治夜盲症。茎藤与猪蹄煮食，可治缺乳。④红薯蒸食，一可防治痢疾和下血，二可解酒泻热，三可治湿热和黄疸病，四可放防治遗精和白浊淋毒，五可治血虚、月经失调，六可治少儿疳积，这些作用是其他薯类没有的，《本草纲目》中记载：红薯有"补虚乏，益气力，健脾胃，强肾阴"的特性。

防止吃了红薯后吐酸水。烧心，放屁症状，一是将红薯熟透，水开后再放薯，勿冷水下锅。二是每餐不超过100克，三是切开红薯，浸泡10分钟后，捞出再蒸煮，就会减少食后。二氧化碳过多，造成不适感觉。

第十六节 芦笋营养与食疗

每100克芦笋嫩茎含蛋白质3.4克，脂肪0.3克，碳水化合物2.2克，胡萝卜素0.76毫克，尼古酸1.8毫克，维生素$B_1$0.24毫克，维生素$B_2$0.36毫克，维生素C51毫克，钾71.6毫克，钠为20.2毫克，镁22.5毫克，铁54毫克，钙24毫克，磷52毫克 ，其中含有酰胺及盐类，常食增强人体的新陈代谢，使精力充沛，对肝机能障碍有调节改善作用。肝、结石、膀胱类、糖尿病有疗效和保健作用。

芦笋含有独特的芦丁甘露聚糖以及胆碱，含有异亮氨酸、亮氨酸、赖氨酸、丙氨酸、苏氨酸、色氨酸、精氨酸等10多种氨基酸，对高血压、脑溢血有奇特功效，芦笋中含有丰富的叶酸、核酸及芳香苷，对癌症有预防作用，并对心脏疾病，动脉硬化，抵钾症，缺钠、镁症有理疗功效。

芦笋的食疗方法有：①将芦笋切成条、块、片烧制配鸡蛋皮，茭白丝，鸡鸭牛肉，虾米烧食，味美醇香，清淡开胃。②虾仁和绿芦笋丝、片分别配佐料清炒七成熟，再混合勾芡烧1～2分钟，按口味调好，食之醇香，补肾壮阳，健胃化痰。③芦笋丝，瘦肉丝和榨菜片单炒8成后，混炒1～2分钟食之，肥而不腻，增食开胃。④芦笋与荷兰豆、火腿丝香肠先分炒，后混炒，香脆爽口，健脾胃补气血。

第十七节 大蒜营养与食疗

每100克大蒜含蛋白质4.4克，脂肪0.2克，碳水化合物23.7克，钙5～30毫克，磷41～44毫克，镁18毫克，钠19毫克，铁0.4～0.6毫克，尼克酸0.9毫克，核黄素0.3毫克，硫胺素3.7毫克，维生素C3毫克和18种氨基酸，含独特的硫化丙稀和大蒜素，具有非凡的杀灭细菌、真菌作用，可谓天然杀菌素或地里长的青霉素。

大蒜辛辣，可强力气，祛瘟疫，其食疗作用是：①1份大蒜素8万倍水分，可将葡萄球菌、伤寒杆菌杀死，每餐食2～3瓣大蒜可防止胃病。②大蒜中含锗元素万分之七，可抑制亚硝胺在人体内起病变致癌作用，能活跃机体，延缓衰老。③大蒜中含有硒元素，是谷胱甘肽的主要成分，能保护人体细胞，增强免疫力，年食大蒜3千克的人，胃癌率降低30%以上。④蒜酶是对心脏活动有益的氨酸，可防止心脏和循环系统疾病，如静脉炎症，血凝异常。大蒜每隔3～5天吃一次即达到消炎，提神效果，多食久食伤肝损眠，动火耗血，便秘滞气，提神效果，故目疾，口齿一喉舌疾者忌食。

第十八节　香椿营养与食疗

香椿芽100克含蛋白质5.7~9.8克，维生素C56毫克，钙110~143毫克，磷120~135毫克，钾54毫克，锌5.7毫克，粗纤维2.5克，糖2.5克，还有脂肪，胡萝卜素，硫胺素和芳香油。

香椿叶芳香味苦、性平，有清炎解毒，杀虫作用，可用于肠炎、痢疾、疗、疥疮白秃等症。嫩枝幼叶也预防和治疗痔疮、痢疾等症。

（1）鲜香椿叶60~120克，水煎服可解脏内毒，赤白痢疾。

（2）鲜香椿叶大蒜等量加少许食盐，共同捣烂敷于患处，可谕疮痈肿毒。

（3）鲜香香椿叶50克，水煎煮、熏洗局部，每日2次，可治疗尿道炎，阴道滴虫。

（4）香椿叶20克，生姜3片为引，水煎服，每日2次，可治疗呕吐。

（5）香椿嫩芽焯一下拌豆腐，豆腐甘凉，益气和中，生津润燥，清热解毒；香椿甘平，健胃理气，清热化湿，可增强食欲，壮气强力，缓解肠胃湿热造成的小便短赤、痢疾等症。

（6）香椿芽炒鸡蛋，清香交织，食后耐饥，清燥解气，松紧松肉，嗜睡。我国民间有"食用香椿，不染杂病"之说，同时又视香椿为发物，多食动风，引发宿疫，所以体弱多病者应谨食和少食。

第十九节　芽菜营养与食疗

芽菜又称娃娃菜，因其以种子、根、茎、枝等为营养源，最初萌生的嫩苗，芽叶生长点、轴为食用部分，是内生激素最丰富的部位，对人体保健作用十分独特。西周开国功臣姜尚，一生精力充沛，思维敏捷灵敏，知识渊博，竟到耄耋之年还能为新郎官，究其原因爱吃绿豆芽、黄豆芽、蚕豆芽等芽菜。

芽菜种类很多，如萝卜芽、香椿芽、姜芽、枸杞芽、白菜芽、黄豆芽、藕芽等。其实我们平常食用的叶菜类、根菜类、果菜类蔬菜，如蕨菜、大青菜、小茄子、小黄瓜等以嫩小含生长激素为丰。

黄豆芽、绿豆芽、蚕豆芽含蛋白质分别为11.5克、3.2克、13克，脂肪2克、0.1克、0.8克，碳水化合物7.1克、3.7克、19.6克，钙68毫克、23毫克、109毫克，磷102毫克、51毫克、382毫克，铁1.8毫克、0.9毫克、8.2毫克，胡萝卜素0.03毫克、0.04毫克、0.03毫克，硫胺素分别为0.17毫克、0.07毫克、0.17毫克，核黄素0.11毫克、0.06毫克、0.14毫克，尼古酸0.8毫克、0.7毫克、2毫克，抗坏血酸4毫克、6毫克、7毫克等。

芽菜食疗方法：①黄豆芽、绿豆芽水焯都浇花椒、辣椒油食之，可清火益神，通脉活筋，利泄减脂。②黄豆芽、绿豆芽、蚕豆芽配肉丝荤炒食之，补肾壮气，风味独特。③蕨菜芽拌面蒸食，可降低血糖，预防糖尿病。③竹笋芽煮肉汤，美味瘦身，人体苗条玲珑。另外还有花生芽、苜蓿芽、扁豆芽、落葵芽、胡椒芽、葵花芽等芽菜家族进一步扩大。

第二十节 莲藕营养与食疗

每100克藕瓜中含蛋白质1.2克，脂肪0.1克，碳水化合物15.2克，钙22毫克，磷38毫克，铁3.8毫克，胡萝卜素0.08毫克，硫胺素0.07毫克，核黄素0.01毫克，尼古酸0.3毫克，抗坏血酸55毫克。

莲藕有湖南的泡子品种。湖北的六月报藕，瓜短，纤维粗韧。山西新绛的白莲藕，瓜长质脆，为历代贡品。鄂莲1号品质也佳，在新绛落户，可与绛州莲藕媲美。莲藕自古以来就视为上等蔬菜，嫩瓜可当水果吃，霜袭后15天收藕，熟食甘绵，速炒清脆，油炸香酥，蜜饯甜脆，水焯滑脆。食后让人回味无穷，为妇幼老弱良好补品。李时珍在《本草纲目》中称藕为"灵根"是祛瘀生津之品，有解渴、醒酒之功效。其食疗作用：①青少年期常食莲菜，有固精强体作用，生食、熟食均可。②生食甘凉入胃，可消瘀凉血、清烦热，止呕渴，能开胃，善消瘀血。③熟食养胃滋阴，对脾胃有益。妇女产后忌食生冷，唯独不忌藕，因为它能消瘀。④新鲜生藕捣烂，调热酒，日食3次，可治痢疾。⑤将5～7个藕节炒干，捣碎加红糖服，可止吐血、咳血、鼻出血、尿血、便血以及子宫出血等症，大便干燥，小便不利者停食莲子和莲须。

第二十一节　香菇营养与食疗

香菇每100克干品中含蛋白质16.2克，脂肪1.8克，碳水化合物60.2克，纤维7.4克，钙76毫克，磷280毫克，铁8.9毫克，维生素$B_1$0.16毫克，烟酸23.4毫克，还含有30余种酶和18种氨基酸，其中7种是人体必须的（人体必需8种氨基酸），是人体健康所需酶与氨基酸的首选食品。

香菇食感软绵，有草香味，含干扰素诱生剂，可诱导体内产生干扰素，具有防治流感传染病的作用。还含有核酸物，可抑制血液和肝脏中的胆固醇增加，有阻止血管硬化和降低血压的作用。对于胆固醇过高引起的动脉硬化、高血压以及急慢性肾炎、尿蛋白症、糖尿病患者，香菇无疑是佳品。香菇含麦角固醇，经人体吸收可转化为维生素D，可防治佝偻病和贫血。香菇中的多糖能增强细胞免疫力，所以香菇煮粥可防癌，抑制癌细胞扩散，是含有1.3-B-葡萄糖甘酶的效果。

香菇性味甘平，无毒，具有补气、健胃、强力、壮气等效果，其食疗作用是：①乳鸽1只，香菇3个，红枣10枚，生姜5克，大米、白糖、植物油少许，文火焖熟晚食，可补阳益气，生血解毒。②香菇、黑木耳各15克，海参100克，生姜丝、蒜泥各10克，慢火煮熟，连食数天，可滋阴补肾，强身抗癌。③香菇3个，干鱼翅、鸡丝肉泡软煮熟，煸炒葱白、姜丝、蒜瓣食之，可健补强身，防疾抗癌。香菇与瘦猪肉、鲜樱桃、豌豆芽、马齿苋菜、大鲫鱼等煮食，能健脑益智、祛湿利水、滋阳润燥。

第二十二节 豆角营养与食疗

100克豆角可产生30千卡热（属低热能食物），蛋白质2.5克，脂肪2克，碳水化合物4.6克，膳食纤维2.1克，维生素A33微克，胡萝卜素6微克，硫胺素0.5毫克，核黄素0.7毫克，烟酸9毫克，维生素C18毫克，不含胆固醇，含钾207毫克，钙29毫克，铁1.5毫克，锌54毫克，铜15毫克，磷55毫克，硒2.1毫克。

因含钾丰富所以常食能强体力，含锌较多，能使人精神充沛，是降低人体胆固醇的重要食品之一。含磷多，能健脑，含有硒能防细胞癌变。

豆角含优质蛋白和不饱和脂肪酸。其性平，有化湿补肾功效，对脾胃虚弱者尤其适用，可下气、益肾，补充元气，常食可解气滞，打嗝，胸闷不适，腰痛等症。李时珍曾称赞豇豆"理中益气，补肾健胃，和五脏，调营卫，生精髓"。营卫就是保证人的睡眠质量。糖尿病患者常吃扁豆，可强脾壮胃，缓解口干舌燥，补肾，提精神。

豆角可煮熟，凉拌芝麻酱，食味鲜美，清脆。乳期妇女吃豆角，可增奶水；小孩食积，气胀，将熟豇豆细嚼咽下，可缓解。

第二十三节 人体营养平衡与蔬菜保健

唐代医学家孟洗所著，又经张增补充的《食疗本草》中，所述中药物162味，其中69味是常见蔬菜。李时珍《本草纲目》中记载105种医疗蔬菜。元代钦膳太医忽思慧所著《饮膳正要》中，主张食物搭配，以多样菜达人体健康。现代医学论证，以杂食蔬菜植物可长寿，身心能达舒康愉悦之境。蔬菜食疗保健已成为一门文化艺术，即可丰富饮食生活情趣，又可使人享受自然生物佳肴，更能使人体以营养平衡和增强抗疾能力来提高生存质量。任何加工制剂，什么"素""灵""宝"，都不如原始新鲜植物营养的纯真和特效，而只是余缺调剂的无奈之举。

据中国营养学会认定，《吃菜的科学》（农业出版社，1992年），人体按重量比率每人每天所需的营养是：

（1）蛋白质35～110克。系生命的燃料，机体免疫防御功能的物质基础。主要来源于黄豆，含量为40%；鸡肉含量为23.2%、牛肉含量20%、花生含量为21%、鸡蛋含量15%、麦面含量10.7%，每人每天以蛋50克、豆50克、米100克、面300克，油、奶、肉、菜、果再提供蛋白质20～30克足矣。鸡肉是最好的蛋白质来源之一。

（2）脂肪占总能量的25%～30%。维持生命活动的燃料。主要存在于核桃中，含量72%，猪肉含量29%～59%，鸡蛋含量11%，鱼类1%～6%，每人每天保持50克干果和50克鱼、鸡、蛋或素肉足够。香蕉是低热能脂肪异常有益食品。

（3）维生素C即抗坏血酸50～100毫克。可预防坏血症，齿龈出血，皮下出血，增强毛细血管韧性，防止脑心血管破裂。维生素C主要存在于青花菜、羽衣甘蓝、落葵、青色甜椒、芹菜叶、香椿、苦瓜、红辣椒、苋菜，每人每天食100克此类蔬菜，为营养平衡供给，维生素C达100毫克左右。

（4）维生素A即胡萝卜素3毫克。对人的视力、骨骼和牙齿发育及机体免疫功能起良好作用，可预防夜盲症、干眼、皮肤角质，增强抗病力等。维生素A含量较多的蔬菜是胡萝卜、芹菜叶、香菜、落葵、菠菜、冬寒菜、灰条菜、金针菜、韭菜、辣椒、香椿等绿叶菜中，每人每天吃100克此类蔬菜可达维生素A生理平衡要求。

（5）维生素B_1即硫胺素1.3～2毫克。可预防脚气、脚发麻、软，脚腿肿胀、肠胃机能障碍等。维生素B_1主要来源于红薯、绿豆、西瓜，大量存在于谷糠、麦麸中，含维生素B_1较多的蔬菜是蘑菇、木耳、紫菜、甘蓝、青花菜、金针菜、香椿、蒜薹、大蒜、芹菜叶、香菜、白芦笋、蚕豆、豌豆等，每人每日保持食此类蔬菜500克，果品200克，才能保持维生素B_1供给，所以请大家少淘米，勿吃精粉面，以利满足维生素B_1供给。

（6）维生素B_2即核黄素1.3～2毫克。可预防眼炎、眼疲劳、皮肤裂口，皮肤炎等。维生素B_2主要来源于口菇、紫菜、红薯、桃、绿豆中，每100克中含量2毫克左右，需多样化杂食，才能达平衡供给。

（7）维生素B_6即尼古酸（PP因素）。可防腹泻，贫血、痴呆、皮炎、精神失常等疾病。尼古酸含量较丰富的蔬菜是黑木耳、土豆、花生、金针菜、豌豆、紫菜、白菜等，含量最多的是蘑菇，每100克中含量达55.1毫克。

（8）维生素E又称生育酚8～12毫克。可防治人脑血管疾病和习惯性流产，不孕症等，食品中常缺乏维生素E，所以现代医学告诉大家，一天一人补充10毫克维生素E丸，保证安全度人生。

此外维生素D需5～10毫克。维生素K起凝血作用，缺少代谢失调，百病丛生。维生素药食量过多，皮发痒，脱水、呕吐，心跳急促，震颤，会积存变毒。蔬菜中维生素系水溶性的，过多可排泻，不伤人。

（9）钙600～1200毫克。能壮骨，调节众多营养平衡吸收。钙大量存在芹菜叶、大青菜、白菜、香菜、茴香、香椿、苜蓿、马齿菜、土豆、韭菜、木耳、银耳、灰条中，每100克菜中含200毫克左右，海带高达1777毫克。每人每天吃500克蔬菜或60克海带可以不必考虑补钙。

（10）磷需300毫克。滋骨健脑，防止神经衰弱。含磷较多的蔬菜有木耳、银耳、香椿、黄豆芽、蚕豆芽、金针菜、番茄等含籽粒可食部分的瓜果菜，每100克含磷100毫克左右。口蘑100克含量高达620毫克，每人每天食300克蔬菜或50克口蘑，就可满足磷对人体健康的需要了。

（11）每人每天需补充锌10～15毫克。锌是皮肤保健的最佳物质，活跃肌肉和生长，能使皮肤组织再生，儿童发育期，每天补充50毫克硫酸锌，可促进正常发育，人体内70种酶均有锌参予，锌可提高性欲，增加精子，以及胰岛素合成，含锌较多的食物有谷、豆、鱼、蛤、肝、麦麸、白菜、萝卜等。

（12）人体内铜含量100～150毫克，铁、铜需补充18～20毫克。二者是生成血红蛋白的重要元素，含铜较多的食品是菠菜、茄子、扁豆、大葱等。含铁较多的食品有豆类、谷类、水果、鱼、虾、茶叶、各类蔬菜，以黑木耳、发菜，海带为多，每100克中含铁120～180毫克。

（13）每人每天需补充碘70～150毫克。保护甲状腺。钼抑制亚硝胺吸收。钾、钠、镁、氯、硫平衡渗透压，构成缓冲体系。纤维素排毒通便。

（14）糖110～140克。维护脑、心、肾活动。主要来源于奶乳、淀粉。

（15）人体必需的有机酸8种。蔬菜中有多种有机酸，如草酸、胡萝卜酸、抗坏血酸、苹果酸、酒石酸、柠檬酸、谷氨酸、天冬氨酸、丙氨酸、氯原酸，其中人体保健必需的8种有机酸，蘑菇、大蒜、芦笋中含量为丰，有5～7种，有机酸与体内碳酸氢根结合，从而使血液呈微碱性，蔬菜是人类食物中碱性物质的来源，与蛋白质、脂肪食品中和后维持身体酸碱平衡，每人每天需保持食入500克蔬菜和200克水果，并以叶菜与果菜类各半搭配，就基本能维持人体营养平衡了，能达到提高工作效率。健康长寿，增强身体免疫力。

第二十四节 菜疗歌

大葱温辛通经脉；补钙长寿食苋菜。
番茄含硒护心肌；壮肾暖腰吃韭菜。
萝卜抗癌助消化；养脑降压选芹菜。
甘蓝利气补骨钙；开窍透疹用香菜。
大蒜抑癌防肠炎；健脑通乳黄花菜。
莴笋洁齿通便利；开胃利湿大头菜。
冬瓜减肥消痛肿；润肠通便空心菜。
莲藕止血固精神；补血消酸吃菠菜。
黄瓜降脂可美容；防癌助软青花菜。
茄子养心通脉络；活血化瘀豆芽菜。
生姜散寒活筋骨；消风明目用芥菜。
蘑菇凉甘养脑心；糖尿病人选薇菜。
苦瓜治痢降心火；辣椒发汗可防癌。

土豆消炎健脾胃；愈伤解毒大白菜。

益肺固精长三药；海带丰碘可抑癌。

健胃消食白萝卜；南瓜消疫能宽肠。

补肾强力刀豆角；苦菜护心也清癌。

葱头硒丰能抗癌；芦笋解毒癌素排。

凉血强心食丝瓜；解积养神茼蒿菜。

香椿散寒疗痔疝；强身益寿多样菜。

第二十五节　菜疗谱

壮骨明目食甜椒、绿菜花（含维生素C、胡萝卜素、抗坏酸为丰）

护肤养血食蒜苗、苋菜（含维生素C、钙、磷为多）

润肠通道食菠菜（含维生素C、草酸）

愈伤解毒食大青菜、白菜（维生素C、钙为丰）

强力明目食菜豆、胡萝卜（含维生素A、钾为丰）

解热养神食茼蒿、南瓜（含维生素A、各种营养平衡）

消炎解痒食绿豆、花生（含维生素B_2解毒润肤）

愈裂活血食韭菜、西胡芦（含维生素B_2丰富）

养心护胃食香椿、金针菜（含维生素B_1为重）

明智稳神食土豆、豌豆芽（含维生素B_6为多）

解积润肤食香菇、茄子、箩卜（含尼克酸、钙为足）

补血养性食生菜、菠菜（含维生素P为多）

促育壮阳食西红柿、胡萝卜（含维生素E、锌为丰）

凝血止流食苜蓿、莲藕（含维生素K、抗坏血酸、钙磷为丰）

固齿养视食绿菜花（含维生素A、抗坏血酸、胡萝卜素丰、钙磷较多）

低热温和食马铃薯（含锭粉、镁、磷、铁、钾为多）

祛寒解毒食生姜（含挥发油、酮）

降压通络食玉米（含钙、谷固醇、卵磷脂、低血清固醇等）

解毒抗菌食大蒜（含蒜辣素、蒜油精，抑制亚硝酸转癌）

冷血降压食番茄（含钙、磷、锌、铁、硼、锰、铜、碘、番茄素8种有机酸）

降脂释血食葱头（含钙、磷、铁、烟酸、维生素C）

健脑强骨食甘蓝、番茄（含磷、钙、钾、锌为丰）

壮体抗癌食香茄、黑木耳（含核黄素、钙、磷、铁为丰）

养精抗疾食山药、扁豆（含钙、胡萝卜素为丰）

消疾补肾食大蒜、种籽、菱角（含维生素A、磷为丰）

强体防变食牛羊奶、动物肝（含维生素A、钙酸）

增强记忆食核桃、蛋、鱼（含磷、蛋白质为多）

养眼护肤食鱼类、海产品（含磷、碘、钾、铁、硒）

免疫护齿食虾、蚝、蛤、鲑（含钙、供氟化物）

生食保健食蔬菜水果（含酶、挥发油、消癌物）

解亚硝胺食豆芽菜、胡萝卜素（含生长素、酶等）

健美易消食兔肉（可消化85%，不发胖肉，少脂肪多蛋白质）

免疫强力食鸡肉（含蛋白、氨基酸、磷、硫、铜、硒等）

细胞抗异变食尤鱼、木鱼（含胆固醇为丰）

促育润肤食豆、肝、鱼（含酶、锌人日需50毫克）

补血养肝食豆、谷、虾（养血，含铜人日需100毫克）

消热泄火食苦瓜、黄瓜、南瓜、蛇瓜（平淡顺畅）

解毒平肝食冬瓜、茄子（平淡顺畅）

温中散寒食大葱、茴香、花椒（发散化湿）

降脂长寿食红薯（含多种维生素、胡萝卜素、硒）

强肌壮骨食海带、紫菜（含钙、碘、磷、铁为丰）

强骨补钙食奶乳豆制品（每人日补1克钙，一杯牛奶含钙0.3

克）

头发亮泽食芝麻、禽鱼（含 ω-3脂肪酸）

软化血管食牛奶、羊奶（含乳精酸、降胆固醇）

化痰消炎食老母鸡汤（防止气管炎）

通肠排积食卷心菜、莴苣（含多种维生素）

滑肠补钾食香蕉（热能低、平衡体液浓度，消钠安神）

补中益气食辣椒（多种维生素和辣椒素为丰）

行气通窍食芥菜（含芥子油、消肿滞）

降压解毒食芦笋、芹菜（含抗坏血酸、钙、胡萝卜素为丰）

第二十六节　蔬菜与养生

▲广西巴西马县、四川长寿县的百岁人群，均以甘蓝、莴苣为喜食。

▲克什密尔区洪扎库特部族，人均寿命115岁，果菜为主。

▲新几内亚内部高原人，没有一列高血压和糖尿病患者，系以甘薯、蔬菜为主食之果。

▲非洲草原卡拉哈里族是极端的食菜者，血清胆固醇平均显示最低下限值。

▲彝汉族人群血液中纳、钾高造成的高血压，系食菜少之原因。

▲浙江、天津癌发病高区与进食纤维素食品及蔬菜少达极显著水平。

▲饱食降低人体免疫力功能和饥饿降低人体抵抗力，是疫病缠身和失去生命的直接原因。

第二十七节 应用生物技术 产供纯味蔬菜

只有少数人会这样种菜

说，世界由人类控制，生命由微生物控制，动、植物生老病死全由益生菌和腐败菌左右。人的腹腔中有2千克生物菌来左右消化和排泄，没有"两菌"就没有动、植物生长发育，就没有生命体。

用生物技术种菜，就是利用动、植物残体，生物排泄物，益生菌，生物制剂，天然矿物质。生物体如秸秆，酿糖、醋、酒下角料，天然风化煤、草碳等碳素物为作物生长的物质基础，一方面是作物生长所需的大量养料，一方面来养活益生菌繁殖后代的养料，可使有机物利用率在杂菌作用下的20%提高100%。同时益生菌吸收空气中氮、二氧化碳；在土壤肥料中分解供给植物所需的13种以上矿物质营养。作物不施化肥和化学农药，就能为高产优质提供满足的营养。并由益生菌分解（医药为食母生、消食片，食品制作叫发酵粉，人可直接食用），植物诱导剂（纯中药制剂）控秧，使作物抗热抗冻，钾壮秆膨果（医药叫补达素），植物修复素（天然矿物激活物质），果实增甜丰满等五大要素生产蔬菜，产品属有机食品。整个生产中不需要施氮素化肥，由益生菌中的固氮菌从空气中吸收（含氮81.3%），可满足作物90%左右需求，加之有机肥中供应20%以上，为作物高产满足。不必担心产品中亚硝酸盐超标使人体致癌；不用化学农药，不必担心吃有残毒菜后中毒头痛恶心。

此整合技术，原理①，作物生长的主次三大元素摆正，即是碳、氢、氧占95%，非是氮、磷、钾占2.7%～4%。原理②，益生菌的巨大作用。一是高产有益菌中含有酵素菌和芽孢杆菌，能分解有机物：含乳酸菌，能将碳、氢、氧、氮以菌丝残体形态供作物根系直接吸收，且利用率是光合作用的3倍，所以作物就尤其高产。二是抑虫：益生菌可使害虫不能产生脱壳素，所以，虫体沾上EM生物菌就会窒息而死，从而可控制虫害。其分泌物中有葫芦素、生物碱、环聚肽等6种物质，有抑虫杀虫作用。三是抗病：益生菌可以菌克菌，能将土壤和植物营养搞平衡，营养平衡作物就不易染病，可将作物病害控制在对产量影响不大的程度，其中分泌的有机酸、黄酮等5类物质具有杀杂菌作用。四是抑草：益生菌可分泌出克草霉物，即禾草蠕孢（由浙江省科技厅余柳青研究认为）具有生物除草剂作用，其中分泌的胡桃酸、香豆素具有抑草杀草作用）。五是纯味：作物常用益生菌，可打开植物次生代谢功能，能将每种蔬菜的化感物和风味物充分释放出来，食用时人会感到原有独特清醇或芳香味，同时，碳水化合物在光合作物制造营养物过程中不会将未合成物回流到元点，即从半路又进入物流循环中，合成有机营养速度快，产量就高。六是连作：益生菌占领生态位，能将禽粪中氨气、甲硫醇等5种对作物有毒物转换成有机酸营养物质，所以作物就可以连作，不怕连作障碍。

只有少数人能吃到这种菜

用生物技术种植的菜，味纯正。在美国有22%，日本只有20%的土地能按有机技术标准种菜，有机蔬菜是美国提出来，目标是引导农业可持续发展，生产安全优质农产品。严格的说，有机是广义提法。能做到返璞归真，原生态技术管理，蔬菜品味纯正，是生物技术，应叫生物农业。所以在美国真正吃一顿原生态纯味优质饭菜，得提前数月排队。

吃纯味优质菜对人体有什么好处呢？（1）口感好，食欲强。肉长脂肪，菜燃烧脂肪，常吃纯正优质鲜菜身体健康；人活一口气，人亡一口痰。肉生痰、菜化痰。（2）营养成分高。生物技术较化学技术生产的蔬菜营养成分高出10%～40%。含维生素C和维生素B_2高，据江苏卫视"万家灯火"健康知识栏目报道，"维生素是药片中含量高，还是新鲜蔬菜中含量高，肯定回答，是蔬菜"；用生物技术种出来的菜含量高，还是化学肥料种出来的菜高，肯定回答是原生态生物技术种的纯味菜含量高。常言说病从口入，我说病菌从伤口入。据运城晨报2011年12月30日报道，口腔溃疡一月不愈要警惕癌变。同理，胃、肠溃疡也是如此。维生素C、维生素B_2是预防和治疗溃疡病的西药，患口腔溃疡，食道和胃肠溃疡，医生开药让你吃维生素C和维生素B_2片，两天可愈，口腔溃疡。常吃用生物技术生产的纯正新鲜蔬菜，吃有益生菌液可预防内脏器管溃疡，另外维生素A是抗坏血酸，抗氧化物质维生素E系养眼物质等。还有青春因子，胡萝卜素、辣椒素也存在于新鲜蔬菜中。

二是蔬菜生产中有机肥+益生菌，能使蔬菜生长中产生大量锌，锌主要存在于生长点、根和花果中，人吃含锌丰富的蔬菜眼亮，脑活，精神爽。锌在人体中还能刺激钙的吸收利用。

三是生物菌可分解土壤中钙元素，蔬菜中可溶性钙丰富，人吃蔬菜可溶性钙利用率就多，钙强骨壮齿。

四是生物整合技术强调施钾素、天然矿物钾、赛众28钾、人体缺钾软无力，医药是吃补达素药片，纯味瓜果菜中和厚叶菜中含钾多，常吃这类菜，人体抗病有劲、耐劳。人体缺钾，常吃这类蔬菜，其中的钾供给充足。

总之，化学技术是西医理论与实践，生物技术是中医理论与实践，现代农业是中西医结合阶段，将来人类要靠生物农业为生，应用生物技术种菜，不易染病虫草害，吃这类蔬菜，人类健康长寿，生活质量高，是农业和民生之希望，愿大家关注生物农业，常吃纯味优质蔬菜，人人都健康，家家都欢快。

附件1 新疆生产建设兵团第一师三团简介

第一师三团位于塔克拉玛干沙漠西北边缘，创建于1956年，其前身是八路军120师359旅。全团总规划面积77万亩，现有耕地面积25万亩。其中，棉花种植面积11.4万亩，果林面积11万亩，其他种植作物2万亩。全团总人口1.75万人，基层单位25个，干部532名，职工4094人，党员812名，是一个以农业为主的新型团场。团场位于阿克苏至喀什、阿瓦提至金银川的交通枢纽上，是第一师的西大门。

近年来，三团党委坚持以人为本，按照科学发展观的要求，理顺改革、发展、稳定的关系，创新发展理念，转变发展方式，破解发展难题，提高发展质量，加快经济结构调整步伐，稳步推进经济、社会全面协调发展，经济增长速度明显加快，创造了三团发展史上的新辉煌。2014年完成生产总值11.2518亿元，增长17.7%。其中：第一产业8.9168亿元，增长15.6%；第二产业0.952亿元，增长5.7%。其中：工业实现产值0.683亿元，增长1.3%；第三产业1.383亿元，增长46.6%。实现籽棉总产6800万千克，果品总量5.7万吨，职均收入6万元。曾先后被评为全国先进基层党组织、全国五一劳动奖状、全国科技管理系统先进集体、全国科技入户一百个示范县之一、首批全国科技试点县、全国群众体育运动先进单位等多项国家级荣誉。实现了"四个文明"建设同步协调发展。

在充满希望的2015年，三团机遇在前、宏图在胸、重任在肩。以"十创"为指导方针，即：改革创活力、业绩创一流、城镇创新貌、工业创佳绩、棉花创效益、林果创精品、社会管理创和谐、经济发展创跨越、职工多元创增收、维稳戍边创久安。三团的奋斗目标是，实现生产总值11.97亿元，比2014年增长11.55%。其中：第一产业增加值8.22亿元，比2014年负增长0.97%；第二产业增加值1.63亿元，比2014年增长70.75%。其中：工业增加值1.19亿元，比2014年增长74.16%；第三产业增加值2.12亿元，比2014年增长43.92%。

面对新的形势、新的机遇、新的挑战，三团党委将紧紧围绕"两个率先、两个力争"的目标任务，勇于面对困难和挑战，按照经济、政治、文化、社会、生态"五位一体"全面发展的总要求，坚持稳中求进、改革创新、提质增效的总基调和质量效益优先的基本原则，以三化建设为路径，以解放思想、深化改革为动力，以结构调整为主线，以目标管理绩效考核为重点，以争先进为突破口，以党的建设和思想政治工作为保证，着力保障和改善民生，着力维护社会稳定，全力推进棉花种植业向林果业和畜牧业转变，农业经济向城镇经济转变，单一种植向多元产业发展转变，确保职工持续增收，确保经济社会持续快速健康发展和社会大局和谐稳定，为率先在师市全面建成小康社会奠定坚实基础。

电话：0997-2330063
邮箱：stsunhao@126.com
网址：www.nysst.com
地址：新疆阿克苏三团团部
邮编：843011

附件2 新疆生产建设兵团第一师三团农产品介绍

核桃，同样的品种，新疆产仁满肉实，20个皮重70克，肉重150克，皮肉比1：2.1，食味清脆。华北地区产仁瘪肉轻，20个皮重130克，肉重130克，皮肉比1：1，食感柔软。

干枣，同样的运城相枣，新疆产皮色油红，不裂果，纹小而多，肉黄白色，含固形物多，硬粘，20个核重10克，肉重80克，核肉比1：8，内地产20个核重10克，肉重54克，核肉比1：5.4，易裂果，裂纹大而少，褐黄色，肉软粘。

棉花，新疆产丝长，弹性强，色白，保温、透气性好，华北地区产比上述指标差。

水稻珠光玉，新疆产大米色泽黄白鲜亮，无霉粒，蒸食津香，食味纯正，煮粥爽口温滑。

香梨、西瓜、哈密瓜含水分较少，含固形物多，称重，含糖度高2°～4°，含各种维生物丰富，纤维素细而少，耐贮耐运，特别是香梨无渣酥甜，西瓜瓤沙皮肉脆，哈密瓜含糖多粘手。

马新立，男，汉族，1954年8月生，山西省新绛县人。本科学历，高级农艺师。民建运城市委委员，新绛县人大常委会副主任。《蔬菜》杂志首席科技顾问，全国生态产业国际委员会生态农业科技专家，全国有机农业产业联盟副理事长。

2004年整合研究的有机碳素肥＋生物菌＋植物诱导剂＋钾＋植物修复素＝有机食品技术，2008年12月28日被评为河南省科技成果，2009年12月20日获河南省人民政府科技进步二等奖，2010－2013年被国家知识产权局受理发明专利："一种有机蔬菜的田间管理方法"、"一种开发有机农作物种植的技术集成方法"；"中国式有机农业优质高效栽培技术" 2013年6月26日，被中国科学院武维华院士等九名入库专家鉴定为国内领先科技成果。

先后出版专著31本，发行量达90余万册。在人民网、新华月报、人民文摘、人民日报等报刊杂志发表论文900余篇。新华网以"种菜奇人马新立"、中央电视台七频道以"土地上的开拓者"、人民日报以"匾送活财神"、山西日报以"他为农民增收超亿"，山西农民报以"新绛有个马新立"等媒体进行了报道。先后被评为山西省农技承包个人一等奖，鸟翼型温室设计一等奖，山西省二等功臣，运城市三、四、五届拔尖人才，2012年被评为山西省九部委"十一五"小康建设做贡献模范个人。2011年被民建中央评为先进个人。

马新立联系电话：0359-7600622　15835999080

注：本书由设施蔬菜持续高产高效关键技术研究与示范作用项目成果　河南省大宗蔬菜产业技术体系专项资助